NHK
趣味园艺

7

大丽花
12 月栽培笔记

[日] 山口茉莉　著

谢　鹰　译

机械工业出版社
CHINA MACHINE PRESS

图中品种：柠檬苏打（Lemon Soda）（摄影：田中雅也）

12 月
栽培笔记
Dahlia

NP-M.Tanaka

盛开在"两神山麓花之乡"大丽花园里的"风的探寻（Kaze-no-Shirabe）"。

目 录

Contents

12 月栽培笔记及帝王大丽花的培育方式　29

NP-M.Tanaka

NP-M.Tanaka

本书的使用方法

小指南

我是"NHK 趣味园艺"的导读者，这套丛书专为大家介绍每月的栽培方法。其实心里有点儿小紧张，不知能否胜任为读者介绍每种植物。

本书就大丽花的栽培，以月份为轴线，详细解说每个月的主要工作和管理要点。还简明易懂地介绍了大丽花的主要品种，以及病虫害的预防和处理方式等。

※【大丽花的简介】（第5~28页）

本部分介绍了大丽花的特征与分类，并推荐了值得栽培的品种。

※【12 月栽培笔记】（第29~79页）

本部分介绍了每月的主要工作与管理要点。将每月的工作分为两阶段进行解说，分别是新手必须进行的"**基本**"，以及供有能力的中级、高级栽培者实践的"**挑战**"。主要的工作步骤都记载在了相应的月份里。

列出了本月的主要工作 ◄

基本
新手必须进行的工作

挑战
供有能力的中级、高级栽培者实践的工作

► 列出了本月的管理要点

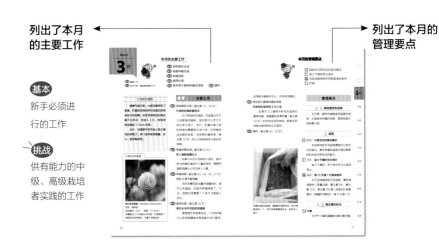

• 本书的说明是以日本关东以西的地区为基准（译注：气候类似我国长江流域）。由于地域和气候的关系，大丽花的生长状态、花期、栽培工作的适宜时间会存在差异。此外，浇水和施肥的量仅为参考值，请根据植物的状态酌情而定。

大丽花的简介

除了大丽花的魅力、原产地、习性，本部分也将介绍花朵直径、花形、株高的不同分类。此外，还将介绍值得栽培的大丽花品种，如帝王大丽花。

这是黑绿色叶片与桃红色花朵相映成趣的"秋樱（Akizakura）"，易于混栽。

Dahlia

大丽花的魅力

丰富的花色、花朵大小、花形

大丽花最突出的魅力，便是它缤纷多彩的花朵。不带杂质的单色花朵几乎什么颜色的都有（除了黑色和蓝色），而且有些大丽花的花瓣还混合了两三种颜色，美得令人叹为观止。花朵有直径小至 5cm 左右的可爱极小轮，也有直径超过 30cm 的华丽超大轮。花形多达 16 种，每种都个性十足，适合各种场景。

多种株高、叶与茎的颜色

丰富多变的可不只是花朵。大丽花的株高既有约 30cm 的，也有像帝王大丽花那样高达 5m 的。叶片有绿叶和黑叶，分为边缘缺刻密集的叶片和又圆又大的叶片。茎的颜色有绿色和黑色，株姿也风情各异。大丽花既可以盆栽，也可以用在造景中。

大丽花花期持久，只要养护得当，便能从初夏一茬接一茬地开到晚秋。而且在无农药栽培的情况下，大丽花还能被当作食用花。

靠恰当的管理度过酷暑

大丽花原产自墨西哥，偏好温暖而凉爽的气候，很不适应日本近年来的高温酷暑，所以夏季的大丽花需要悉心养护。但如果选在出梅时期栽种（夏季种植），或通过修剪令植株恢复到充满活力的幼苗状态，那么度过酷暑也是不成问题的。而且近年来，人们也培育出了不怕热的品种和花形优良的品种。请参考第 51 页的"大丽花栽培的高温应对措施"。

大丽花如此的丰富多彩，其中一定有合乎您喜好或者观赏目的的品种。

从第 18 页开始，将介绍大量富有魅力的品种，不过，在第 7 页会先介绍少许品种以作为庭院栽培的示例。

请尽情享受与大丽花相伴的生活吧。

右图中前排的是"明星夫人（Star's Lady）"，后排的是"日本主教（Japanese Bishop）"。后方白色到浅桃色的小花为紫菀。

多花性的园艺大丽花最适合庭院栽培。图中品种为"画廊（Gallery）"系列的"艺术展（Art Fair）"。

庭院观赏

Dahlia

大丽花开花时间长，能一直活跃在春秋期间的花坛里，既可当主角也可当配角。

M.Yamaguchi

图中为如小菊花一般可爱的大丽花 "嗡鸣青铜（Humming Bronze）"系列，配上斑叶薹草和斑叶辣椒，营造出野草混栽的感觉。

花盆和种植箱的乐趣

Dahlia

大丽花当然可以种进花盆和种植箱。要想让鲜艳的大丽花充分展现魅力，我们可以在大盆中种上好几株，令其开出大量的花朵，还可将之与其他草花混合种植，在种植箱中搭配出丰富的景致。

可将大丽花种进吊篮观赏。图中为矮生黑叶的 "嗡鸣青铜"系列、球根秋海棠 "幸运（Fortune）"、莲子草等。

M.Yamaguchi

Dahlia **鲜切花的乐趣**

在新花不断的盛花期，不妨体验一把鲜切花的乐趣吧。可以在早晨或傍晚采摘鲜花。少瓣品种在花蕾初绽的时候采摘，多瓣品种则在花朵完全开放后采摘。

鲜切大丽花
持久保鲜的秘诀

❶ 过长的茎使得花朵难以汲取水分，所以尽量留短一点儿。

❷ 用锋利的剪刀修剪采摘后的花茎（在水里修剪）。

❸ 太多的叶片会使花朵容易枯萎，因此只保留花朵下方 1 节的叶片，其余全部摘除。

❹ 使用内壁干净的花瓶。

❺ 每天换水，推荐使用鲜切花保鲜剂。

以橘色的大丽花为主，配上外形舒展的绒球型大丽花（Pompon dahlias）。针垫花、蔷薇果、叶子有斑点的麻兰和星点木，令花束显得活泼热闹。

M.Yamaguchi
M.Yamaguchi

右图中是把大丽花剪短后，与秋季花朵配成的迷你花束。其中还有鸡冠花、龙胆、纳丽花以及粉色的金丝桃。

大丽花是一种什么样的植物

自然生长在墨西哥的高原

大丽花是菊科大丽花属的多年生草本植物，自然生长在墨西哥。包括栽培品种的原种在内，大约有 36 种大丽花野生在墨西哥中央海拔为 1500~4300m 的高原上。与鼠尾草、波斯菊、鬼针草等植物共同生长在排水性好的弱酸性肥沃土壤中。

雨季生长，旱季休眠

墨西哥高原有雨季（5—10 月）与旱季（11 月至来年 4 月）。日本的雨季为夏季，白昼阳光温和，时有飓风，夜晚凉爽，几乎无炎热酷暑天气。因此大丽花的长势很旺盛。日本的旱季主要在冬季，虽然气候干燥，但不至于冷得让土壤冻结，这期间的大丽花进入了休眠期。

东京与墨西哥城的气温与降水量

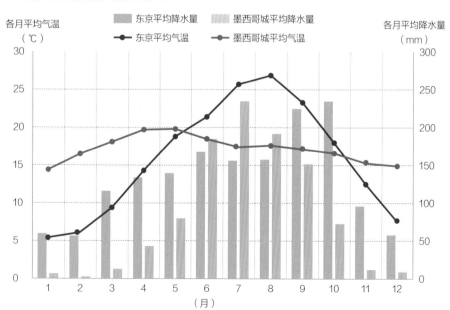

※ 数据来源为日本气象厅的"气象观测数据"。"气温"取累年月平均气温，"降水量"取累年月平均降水值。

M.Yamaguchi

图中的是以仙人掌为背景绽放的红大丽花。照片摄于9月下旬的墨西哥城郊外。

M.Yamaguchi

在自然生长着原种大丽花的弃耕地上，波斯菊、鬼针草、万寿菊等植物组成了一片花田。照片摄于9月下旬的墨西哥城郊外。

《西班牙野生、栽培植物的记载与图解》
本书总结记录了来自新大陆的各色植物，由马德里皇家植物园园长安东尼奥·何塞·卡瓦尼列斯（Antonio José Cavanilles）于1791—1801年编撰出版。第1卷的第80图中描绘了玫瑰色、半重瓣的大丽花（*Dahlia pinnata*）。

《波恩植物园植物图鉴》（1831年出版）
德国的柏林植物园在收到从墨西哥运来的大丽花种子后，于1804年开始进行品种改良，不到30年便培育出了花朵丰富多样的品种。

18 世纪后期流入欧洲

即使在野外，大丽花也能开出朱红色和桃色的美丽花朵，并一直深受阿兹特克人的喜爱，据说当时他们就已经在栽培重瓣品种了。起初，人们为了食用球根（块根）才把大丽花引入欧洲。但由于它的味道不佳，不适合用作食材，于是没能推广开来。

现在我们欣赏到的大丽花，是18世纪后期（1789年）由墨西哥的西班牙殖民者赠送给西班牙马德里植物园的种子培育而来的。根据记载，那些种子在第二年开出了两种大丽花，即紫色的半重瓣花和单瓣花。从此它们有了大丽花（Dahlia）的属名，开始被人们栽培，并逐渐被推广至欧洲各地。

后来，欧洲又引入了新性状的大丽花，开始培育出花色、花形丰富多样的品种。在19世纪中期，记录在案的大丽花品种多达1500余种。

江户末期来到日本

在江户末期的天保 12 年（1841 年）之前，荷兰的船只将大丽花种子带到了日本。当时人们把大丽花称为"天竺牡丹"，其华美的花朵俘获了好奇心旺盛的江户爱花人士的心。

后来，明治中期，日本从欧洲引入了新品种的球根。明治后期，日本国内盛行品种改良，培育出了日本的原创品种，大丽花开始出现在种苗手册上。

从大正时代到昭和 10 年代，日本掀起了培育大丽花热潮，并开始培育本土品种，各地纷纷举办品评会。

《本草通串证图》（"杂花园文库"藏）
前田利保（富山藩主）著于嘉永 6 年（1853 年）。书中写到"天竺牡丹 近年来的舶来品"。

13

大丽花的分类

大丽花呈现的样子千姿百态，有华美绚丽的、优雅唯美的、清新的、可爱的，等等。如今，在日本可以购买的品种多达 1000 种。而这些品种能够根据花朵大小、花形、株高等特点进行分类。

根据花朵大小分类

大丽花的花朵有直径小至 5cm 左右的极小轮，也有直径超过 30cm 的超大轮。我们通常像第 15 页的表格那样把大丽花按花朵大小分成 11 类。不过，花朵大小会因养护和环境不同而发生变化。

根据花形分类

一朵大丽花是由许多小花组成的：包括外形如花瓣的舌状花（花瓣形状像舌头一样的小花），以及中央的管状花（花瓣呈管状的小花）（参见第 15 页）。大丽花的花形因它们的变异而丰富多变，甚至会令人惊叹这些花是否还属于同一种类。有 8 片花瓣（舌状花）的单瓣花和超过 200 片花瓣的重瓣花，而且花瓣也千姿百态。在日本大丽花协会，一提到"大丽花"，大家首先会想到装饰型等 16 类（参见第 16、17 页）花形。有时一朵花还会混合两种花形。

部分品种的花形不符合其中任何一种，这种就叫特殊花形或新颖花形（NOV）。此外，和花朵大小一样，大丽花的花形有时也会因养护、环境、气候条件等因素变化而无法展现原本的特征。

根据株高分类

大丽花的株高会因品种而大有不同。既有株高 30~50cm 的矮型品种，也有株高 150cm 以上的极高型品种。在手册等中记录的大丽花株高分类都是基于头茬花期时的株高，并且按第 15 页的表格那样分成 6 类。

株高也会因栽培方法各异而大有不同，但总的来说，高大的品种适合种在带状花坛的后排，较矮的品种适合种在花盆或带状花坛的中排到前排，矮型品种则适合于花盆中种植。

根据花朵大小分类

序号	类型	花朵直径
1	超大轮	30cm 以上
2	巨大轮	28cm 左右
3	大轮	24cm 左右
4	中大轮	21cm 左右
5	中轮	17cm 左右
6	中小轮	13cm 左右
7	小轮	10cm 左右
8	极小轮	5cm 左右
9	球型	10 ~ 15cm
10	迷你球型	5 ~ 10cm
11	绒球型	5cm 以下

根据株高分类

序号	类型	株高
1	极高型	150cm 以上
2	高型	120 ~ 150cm
3	中高型	100 ~ 120cm
4	中型	70 ~ 100cm
5	中矮型	50 ~ 70cm
6	矮型	50cm 以下

大丽花的花瓣

舌状花

副瓣

管状花

NP·M.Tanaka

各种花形大丽花的花瓣（舌状花）

睡莲型花形

内曲仙人掌型花形

直仙人掌型花形

常规装饰型花形

兰花型花形

银莲花型花形

领饰型花形

星型花形

球型花形

半仙人掌型花形

不规则装饰型花形

波褶型花形

NP·H.Imai

花形分类

序号	名称（英文缩写）	特征
1	常规装饰型（FD）	此类花是纯正的重瓣花，规则分布的花瓣（舌状花，下同）又宽又扁，末端略尖。此花形是大丽花的代表性花形，给人以规整的印象
2	不规则装饰型（ID）	此类花是纯正的重瓣花，花瓣并非扁平状的，而是有部分蜷曲、内卷或者外翻，分布也不规则。这种花形厚重中兼具动感
3	直仙人掌型（STC）	此类花是纯正的重瓣花，花瓣两侧大半向外翻卷，末端又尖又直，从花朵中央呈放射状展开
4	内曲仙人掌型（IC）	花瓣两侧大半向外翻卷，末端尖尖的。花瓣纵向向着花朵中央内弯，有一种轻盈起舞的感觉
5	半仙人掌型（SC）	花瓣比直仙人掌型的要宽一些，少半截花瓣的两侧向外翻卷。此类花比直仙人掌型花更具力量感和厚重感
6	波褶型（L）	此类花是纯正的重瓣花，花瓣末端裂成好几齿。花瓣整体既有内翻之处，也有外翻之处，花瓣末端的齿也呈波褶状，花形非常精致
7	睡莲型（WL）	此类花虽然是重瓣花，但花瓣数量少。花瓣又宽又直，有点儿杯状的感觉。其特征为初开时的花心处圆鼓鼓的，而且闭得严严实实
8	球型（BA）	此类花是纯正的球状重瓣花。大半截花瓣两侧向内卷，呈管状，花瓣末端从圆润逐渐变尖。小轮花的花形叫微球型（MA）

序号	名称（英文缩写）	特征
9	绒球型（P）	此类花是直径小于 5cm 的球形花朵，花瓣末端圆润，大半截花瓣两侧向内卷
10	银莲花型（AN）	管状花的管较长，单层或多层的花瓣围住了穹顶状的花心部位
11	领饰型（CO）	此类花虽然是单瓣花，但花瓣内侧的副瓣（色彩）很丰富。这是副瓣的大小、形状、色彩富于变化的花形
12	单瓣型（S）	花瓣的形状、大小、结构统一，花心外侧围着一层花瓣，通常为 8 片以上。理想的花形是花瓣在一个平面上呈放射状展开
13	兰花型（O）	此类花是单瓣花，花瓣两侧大幅度向内卷，末端尖锐。有时花瓣内侧与外侧的颜色不同，花形独特而利落
14	星型（ST）	此类花形属于半重瓣到重瓣的兰花型，也叫双重兰花型（DO）。花瓣内外两侧的颜色与花瓣长度各不相同，颇为有趣
15	牡丹型（PE）	此类花是半重瓣花，有大波浪状的宽花瓣，花心外露。花心通常为黄色，但也有焦糖色的，别有一番趣味
16	特殊型	此类花是纯正的重瓣花，花形极具特色，无法归进上述的任何一类。人们又叫它新颖型（NOV）

值得栽培的大丽花品种图鉴

中轮~
中大轮

↑ 秋田美人（Akitabijin）✿

花形：不规则装饰型　花朵直径：24cm　株高：100~120cm
花瓣层层叠叠，花瓣末端呈轻盈的波浪状。这是一个多姿多彩的大轮品种。

↓ 理多（Rido）✿

花形：不规则装饰型
花朵直径：24cm　株高：100~120cm
橙色的花瓣末端有醒目的白色，对比鲜明，
引人注目。

↓ 完美吉茨（Gitts Perfection）✿

花形：不规则装饰型
花朵直径：24cm　株高：80~100cm
花色为桃色到浅桃色的渐变色，花瓣宽且末端
尖，样子迷人极了。

NP-M.Tanaka

↑ 婚礼进行曲（Wedding March）✿

花形：装饰型～波褶型
花朵直径：21cm　株高：80~100cm
花瓣为乳白色，锋锐的花瓣末端则染上了紫红色，花形优雅。有时花瓣末端会浅裂。

Y.Washizawa

↑ 彩蝶（Sai Chou）✿

花形：特殊型
花朵直径：21cm　株高：80~100cm
花瓣中间向内卷成管状，花瓣末端呈白色。这是一种极具个性的花。

Y.Washizawa

↑ 月光美（Gekkoubi）✿

花形：常规装饰型
花朵直径：21cm　株高：80~100cm
纯黄色的常规装饰型的规整花朵，越开越有分量感。

NP·M.Tanaka

↑ 黑蝶（Black Butterfly）✿

花形：半仙人掌型
花朵直径：21cm　株高：80~100cm
这是黑色大丽花的代表性品种，曾掀起大丽花的
热潮。该品种强健且容易栽培。

NP·M.Tanaka

↑ 美樱（Mio）✿

花形：不规则装饰型
花朵直径：21cm　株高：100~120cm
花色为微微泛蓝的清透浅桃色，有一种清澈的
美感。

NP·M.Tanaka

↑ 娜奥米 2 号（NAOMI2）✿

花形：内曲仙人掌型
花朵直径：20cm　株高：80~100cm
花瓣两侧外翻，纵向向内弯曲，花形十分精致。

M.Yamaguchi

↑ 群金鱼（Murakingyo）✿

花形：不规则装饰型
花朵直径：21cm　株高：70~80cm
黑红色花瓣末端是鲜明的白色。花如其名，仿佛
一群在畅游的金鱼。它属于早熟品种。

中轮~
中小轮

↑祝花（Shukuka）

花形：常规装饰型～波褶型
花朵直径：17cm　株高：80~100cm
花瓣鲜红，白色的末端分成了两齿，花朵看起来
活力四射。它属于早熟品种，开花较早。

↑巴巴罗萨（Barbarossa）

花形：常规装饰型
花朵直径：17cm　株高：80~100cm
这是 20 世纪 30 年代于荷兰培育出来的著名品
种，能开出端正的深红色花朵。

→玛德琳之月（Madeleine Moon）

花形：特殊型
花朵直径：13cm　株高：80~100cm
卷起的花瓣层层叠叠，十分新颖。柔和的象牙白花
色堪称一绝。

↑结缘（Enmusubi）

花形：常规装饰型
花朵直径：17cm　株高：100~120cm
该品种开红色花瓣上有大片白色的双色花。而进
入晚秋后，红色会变为橙色。它属于早熟品种。

花形：特殊型
花朵直径：12cm　株高：100~120cm
花瓣的边缘和尖端有月季尖刺状的齿。开花过程
的样子特别好看，仿佛将花蕾扭开了似的。

NP-M.Tanaka

↑ 向往蓝天（Seiten Akogare）❀

花形：睡莲型
花朵直径：15cm　株高：100~120cm
它的花瓣多，花朵有厚重感；花色丰富，从中心
（花瓣根儿）向外依次为黄色、深桃色、白色。

↓ 残月（Nokonno Tsuki）❀

花形：波褶型
花朵直径：15cm　株高：100~120cm
裂成一丝丝的花瓣末端给人以温柔的感觉。花瓣
多，花姿出众。

↓ 诗织（Shiori）❀

花形：球型
花朵直径：15cm　株高：80~100cm
该品种开巨大的淡粉色球形花朵，花瓣略尖，层
层叠叠，花姿威风凛凛。

NP-M.Tanaka　NP-M.Tanaka

小轮~
极小轮

↓ 巴杰闪耀（Badger Twinkle）🌸

花形：半仙人掌型
花朵直径：10cm　株高：70~80cm
尖尖的花瓣末端呈紫红色，向花瓣根部颜色逐渐
变成乳白色。花朵挺括。

NP-M.Tanaka

NP-M.Tanaka

↑ 白色星星 🌸

花形：银莲花型~兰花型
花朵直径：10cm　株高：80~100cm
花朵中心部位像银莲花型花朵一样呈穹顶状，外
围花瓣像兰花型花朵的一样两侧向内卷，二者的
组合十分独特。它属于早熟品种。

↓ 樱桃糖（Cherry Drop）🌸

花形：睡莲型
花朵直径：小于10cm　株高：小于70cm
该品种能开出大量的极小轮鲜红色花朵，若成片
地种在花坛里将显得格外壮观。

NP-M.Tanaka

NP-M.Tanaka

↑ 洪卡（Honka）🌸

花形：兰花型
花朵直径：小于10cm　株高：100~120cm
该品种花瓣两侧整体向内卷，为兰花型的代表性
品种，无疑是群花中令人瞩目的焦点。它属于早
熟种。

23

↓蓬蓬巧克力（Pom Pom Chocolate）❀

花形：球型
花朵直径：10cm 株高：100~120cm
深红色球形花朵富有厚重感，但花瓣末端的缺刻又透着轻盈感。它属于早熟品种。

↓绘日记（Enikki）❀

花形：球型
花朵直径：10cm 株高：80~100cm
这是开球形花朵的知名品种，花瓣端端正正地堆叠在一起。带缺刻的花瓣末端裹着一层白边。

Y.Washizawa

Y.Washizawa

NP-M.Tanaka

NP-H.Imai

↑玛丽·伊芙琳（Mary Evelyn）❀

花形：领饰型
花朵直径：小于10cm 株高：80~100cm
深红色的舌状花外侧花瓣配上白粉色的副瓣，对比鲜明，美得醒目。

↑扬羽（Ageha）❀

花形：领饰型
花朵直径：10cm 株高：100~120cm
此领饰型花朵的舌状花的外侧花瓣和副瓣均为淡黄色。圆润的外侧花瓣与富有动感的副瓣给人轻盈的感觉。

↓ 珍珠星 ✿

花形：领饰型～兰花型
花朵直径：10cm　株高：80~100cm
向内卷的兰花型舌状花花瓣搭配上领饰型的副瓣，使得花形魅力十足。它属于早熟品种。

↓ 濑游日和（Asobi Hiyori）✿

花形：绒球型
花朵直径：5cm　株高：70~100cm
一棵植株能开出三种花朵：单色的桃色花朵和白色花朵，以及桃白相间的花朵。它属于早熟品种。

NP-M.Tanaka

M.Yamaguchi

M.Yamaguchi

↑ 阿尔卑斯珍珠（Alpen Pearl）✿

花形：银莲花型
花朵直径：10cm　株高：120~150cm
它开亮桃色的单瓣花（舌状花），花心（管状花）呈乳白色，是花形为银莲花型的代表性品种。

↑ 日本主教（Japanese bishop）✿

花形：牡丹型
花朵直径：10cm　株高：80~100cm
它生有泛黑的铜色叶片，开花心呈黑色的朱红色花朵，样子抢眼极了。

NP-T.Narikiyo

↑ 山谷刺猬（Valley Porcupine）🌸

花形：特殊型

花朵直径：7cm　　株高：80~100cm

细小的花瓣两侧向内卷，花朵就像细工花。它属于早熟品种。

↓ 雄和小町（Yuuwa Komachi）🌸

花形：星型

花朵直径：5cm　　株高：80~100cm

它是像紫菀一样可爱的极小轮大丽花。可以将它种在花盆、庭院中观赏。它属于早熟品种。

↓ 华堇（Hana Sumire）🌸

花形：牡丹型

花朵直径：7cm　　株高：70~80cm

它是一种黑叶大丽花，叶片在高温期也不会褪色，最适合用来点缀花坛或进行混栽。

M.Yamaguchi

Y.Washizawa

帝王大丽花及其杂交品种

帝王大丽花（*Dahlia imperialis*）是大丽花属的植物，自然生长在墨西哥南部至哥伦比亚、玻利维亚的高原上（海拔为 1300~3800m）。它就如"帝王"一般气派，株高 3~6m，因其壮观的外形，人们也称之为"树大丽花"。帝王大丽花能在晚秋至初冬开出大量的粉色花朵。另外，帝王大丽花还有重瓣白花品种。

晚秋清澈的天空下，
高大挺拔的帝王大丽
花正在盛开。

M.Yamaguchi

双重奶油（Double Cream）

火烈鸟（Flamingo）

加扎里亚系列

本系列为帝王大丽花与大丽花园艺品种的杂交品种，株高为 150~200cm，植株大小合适，方便管理。花朵有单瓣花和重瓣花，花朵直径约为 15cm。它们对白粉病抗性强，也具备耐热性。本系列的不同品种的花期不同，但是整体上比帝王大丽花更早开花，比如，双重粉（Double Pink）从 8 月开始绽放。

双重粉

在前排，达拉雅·米娜（Dalaya Meena）系列的"萨尼亚（Sanya）"的深桃色花朵显得格外美丽，中排左侧的是同系列的深紫红色的"阿鲁纳（Aruna）"，而高大的加扎里亚系列的"双重粉""双重奶油"在后排开得正鲜艳。

12月栽培笔记及帝王大丽花的培育方式

简明易懂地按月归纳了主要工作与管理要点。只要在各个季节进行适当的养护，定能令植株开出漂亮的花朵。

Dahlia

M.Yamaguchi

大丽花栽培月历

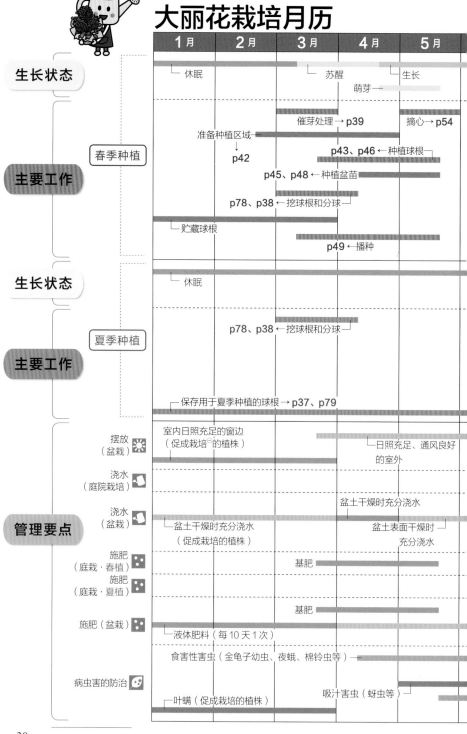

	1月	2月	3月	4月	5月
生长状态	└ 休眠		└ 苏醒	萌芽┘	└ 生长
主要工作（春季种植）			催芽处理 → p39		摘心 → p54
		准备种植区域┘ p42		p43、p46 ← 种植球根	
			p45、p48 ← 种植盆苗		
			p78、p38 ← 挖球根和分球┘		
	└ 贮藏球根				
			p49 ← 播种		
生长状态	└ 休眠				
主要工作（夏季种植）			p78、p38 ← 挖球根和分球┘		
	└ 保存用于夏季种植的球根 → p37、p79				
管理要点 摆放（盆栽）❄	室内日照充足的窗边（促成栽培的植株）			└日照充足、通风良好的室外	
浇水（庭院栽培）💧					
浇水（盆栽）💧	└ 盆土干燥时充分浇水（促成栽培的植株）			盆土干燥时充分浇水 / 盆土表面干燥时┘ 充分浇水	
施肥（庭栽·春植）🔵			基肥		
施肥（庭栽·夏植）🔵			基肥		
施肥（盆栽）🔵	└ 液体肥料（每10天1次）				
病虫害的防治 🦟	食害性害虫（金龟子幼虫、夜蛾、棉铃虫等）				
	└ 叶螨（促成栽培的植株）			吸汁害虫（蚜虫等）	

30

⊖ 使栽培周期缩短或提前的一种栽培方式。

6月	7月	8月	9月	10月	11月	12月

└ 生长缓缓　　└ 生长　　　　└ 休眠

├ 开花　　　　　　　　　　　└ 开花

└ 摘腋芽 → p57　　　　　　　└ 越冬准备 → p74

└ 整理底部叶片 → p56　└ 修剪 → p66

└ 摘蕾 → p60　　　　　　　摘蕾　　　　防寒 → p76

└ 立支柱 → p59　　　　└ 立支柱 → p59

└ 摘残花 → p60　　└ 摘残花　　　　p78 ← 挖球根

└ 扦插 → p62　　　├ 护根 → p65　　p79 ← 贮藏球根

播种（针对秋季花坛）→ p49　整理底部叶片 → p56、p70

└ 生长　　　　└ 休眠

├ 萌芽　　　　　　　　　└ 开花

└ 分球 → p38　　└ 立支柱 → p59　　防寒 → p76

p57 ← 摘腋芽　　　　　　挖球根 → p78

└ 球根的准备与种植 → p42、p43、p46、p47　└ 摘蕾 → p60

└ 摘心 → p54　　└ 摘残花 → p60　　贮藏球根 → p79

└ 通风良好的明　└ 白照充足、通　　└ 屋檐下
　亮背阴处　　　风良好的室外

└ 盆土非常干燥时充分浇水

盆土干燥时充分浇水

└ 盆土干燥时充分浇水　└ 盆土干燥前充分浇水　不浇水

└ 追肥　　　　　　└ 追肥

└ 基肥　　　　　└ 追肥

└ 追肥　　　　　└ 追肥

└ 液体肥料（每7~10天1次）　└ 液体肥料（每7~10天1次）

└ 螨类

└ 食害性害虫（长额负蝗等）

└ 疾病（白粉病、灰霉病等）

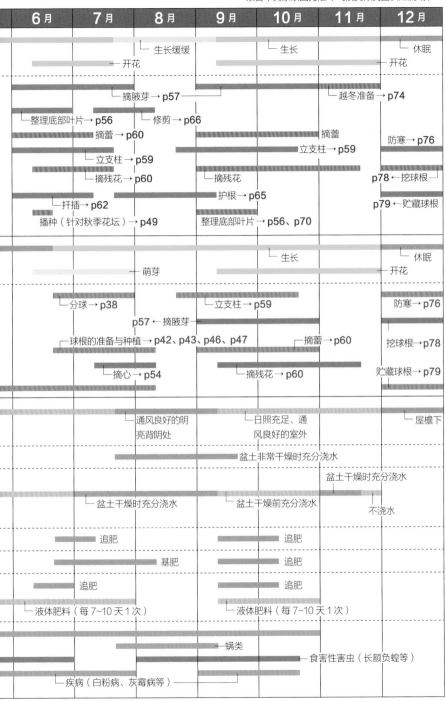

31

January

1 月

本月的主要工作

基本 贮藏球根

基本 基础工作

挑战 适合中级、高级栽培者的工作

1月的大丽花

在这段寒冷的时期，大丽花的球根正处于休眠状态，几乎不需要我们做什么。

为了让大丽花四季常开，近来，冬季的市场上也开始少量流通促成栽培的盆栽。此时气温低，花朵寿命较长，一朵花能开将近一个月。只要养护得当，植株甚至能从此时一直开到秋季。

主要工作

基本 贮藏球根（参见第 79 页）

防冻、防干

挖出的球根需贮藏在 5℃ 左右的环境中。要注意的是，温度一旦超过 10℃，不仅球根会开始萌芽，也会对入春后植株的生长造成不良影响。因此要经常打开箱子，检查一下里面是否过于干燥或有没有发霉。如果保存时用来填充的蛭石太过干燥，可以用水喷雾稍微湿润一下。

大丽花品种图鉴

明星夫人（Star's Lady）
花形：直仙人掌型
花朵直径：10cm　株高：小于 70cm
花瓣呈放射状笔直散开。端正的花姿令其成为直仙人掌型的经典品种。它属于早熟品种。

假如箱内的蛭石等材料特别干燥，就用水的喷雾稍微湿润一下。

本月的管理要点（促成栽培的盆栽）

☀ 摆放在日照充足的室内窗边
💧 盆土干燥时充分浇水
🎨 施液体肥料
🐛 叶螨

管理要点

🌱 🪴 庭院栽培和盆栽

对于种在庭院或花盆里的球根，要留意雨雪造成的过湿情况。如果空气偏干燥，那么即使周围气温降到 0℃，球根也不会被冻坏，但过度潮湿时会冻坏球根。

🪴 盆栽（促成栽培的盆栽）

☀ **摆放：日照充足的室内窗边**

促成栽培的开花盆栽需摆在日照充足的室内，夜间温度控制在 8~12℃，日间温度则控制在 18~25℃。但是，如果 1 天没有 14h 以上的光照（明亮的时间），植株就无法形成花蕾。因此需要打开房间里的灯，提供包含白天在内的14h 不间断的光照。光的亮度至少足够看报纸。

💧 **浇水：盆土干燥时充分浇水**

当盆土干燥时，充分浇水至水从盆底流出。清理掉花盆托里的积水。

🎨 **施肥：每 10 天施 1 次液体肥料**

把液体肥料（质量分数：氮元素8%、磷元素 10%、钾元素 5% 等）按规定比例稀释后，用施肥代替浇水，每10 天施 1 次。

🌱 🪴 病虫害的防治

🐛 **叶螨**

空气干燥的温暖室内易出现叶螨（俗称红蜘蛛），可为叶片背面浇水（喷雾）以作预防。

盆栽大丽花品种 🌸

NP-M.Tanaka

达利娜·马克西（Dalina Maxi）系列的"坦皮科（Tampico）"
这是北欧培育的盆栽大丽花，具有多花性，株形小巧。

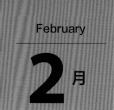

2 月

本月的主要工作

- 基本 贮藏球根
- 基本 制订栽培计划
- 基本 准备种植区域

基本 基础工作

挑战 适合中级、高级栽培者的工作

---

2 月的大丽花

本月是一年中最冷的时期。和 1 月时一样，大丽花的球根仍处于休眠状态，正待春季的来临。因此，几乎不需要我们做什么。

在本月，可以开始制订大丽花栽培计划，并构思花坛、种植箱的布局了。建议本月就为花坛等种植区域改良土壤。

大丽花品种图鉴

NP·M.Tanaka

雾时雨（Kiri Shigure）
花形：波褶型
花朵直径：12cm　株高：100~120cm
两侧大幅外翻的花瓣看起来就像仙人掌型大丽花的花瓣，花瓣末端裂成三瓣，很是好看。

主要工作

基本 **贮藏球根**（参见第 79 页）

要留意霉菌的出现

贮藏的球根需放在 5℃ 左右的环境中管理。而温度一旦超过 10℃，不仅球根会开始萌芽，也会对入春后植株的生长造成不良影响。因此要经常打开箱子，检查一下里面是否过于干燥或有没有发霉。如果保存时用来填充的蛭石太过干燥，可以用水的喷雾稍微湿润一下。

基本 **制订栽培计划**

反省上一年的情况

回顾上一年大丽花的生长情况与开花状态，趁早制订好今年的栽培计划。也可以构思花坛和种植箱的植物搭配。

基本 **准备种植区域**（参见第 42 页）

拌入堆肥或腐叶土

如果打算在入春后栽培大丽花，在本月就可以为种植区域进行土壤改良了。需要在土壤中均匀拌入堆肥或腐叶土。对于上一年种过大丽花的区域，需在拌入堆肥前把土壤里的老根茎清理干净。

本月的管理要点

❄️ 摆放在日照充足的室内窗边
💧 盆土干燥时充分浇水
▓ 施液体肥料
🐛 叶螨

管理要点

⬆️🪴 庭院栽培和盆栽

对于种在庭院或花盆里的球根，要留意雨雪造成的过湿情况。如果空气偏干燥，那么即使周围气温降到 0℃，球根也不会被冻坏，但过度潮湿时会冻坏球根。

🪴 盆栽（促成栽培的盆栽）

❄️ **摆放：日照充足的室内窗边**

促成栽培的开花盆栽需摆在日照充足的室内，夜间温度控制在 8~12℃，日间温度则控制在 18~25℃。但是，如果 1 天没有 14h 以上的光照（明亮的时间），植株就无法形成花蕾。因此需要打开房间里的灯，提供包含白天在内的14h 不间断的光照。光的亮度至少足够看报纸。

💧 **浇水：盆土干燥时充分浇水**

当盆土干燥时，充分浇水至水从盆底流出。清理掉花盆托里的积水。

▓ **施肥：每 10 天施 1 次液体肥料**

把液体肥料（质量分数：氮元素8%、磷元素 10%、钾元素 5% 等）按规定比例稀释后，用施肥代替浇水，每10 天施 1 次。

⬆️🪴 病虫害的防治

🐛 **叶螨**

空气干燥的温暖室内易出现叶螨，可为叶片背面浇水（喷雾）以作预防。

盆栽大丽花品种 ❋2

Takamatsu & Beekenkamp

拉贝拉（Labella）系列的"马焦雷火（Maggiore Fire）"
这是荷兰培育的盆栽大丽花。

March

3月

基本 基础工作

挑战 适合中级、高级栽培者的工作

本月的主要工作

基本 挖球根和分球

基本 准备种植区域

基本 种植球根

挑战 催芽处理

挑战 保存用于夏季种植的球根 　　挑战 播种

3 月的大丽花

　　随着气温升高，大丽花感受到了春意，贮藏的球根和种在地里的球根纷纷开始苏醒。初冬挖球根的时候还看不出芽点，而进入 3 月，球根表面会隆起 1~2mm 的芽。

　　此外，店铺差不多开始上架大丽花的球根了。热门品种容易售罄，所以，趁早购买吧。

大丽花品种图鉴

格伦班克蜂巢（Glenbank Honeycomb）
花形：绒球型
花朵直径：5cm　株高：70~80cm
花瓣超过 2/3 的部分向内卷，完美展现了绒球型花朵的特征。它属于早熟品种。

主要工作

基本 **挖球根和分球**（参见第 78、38 页）

分球的时候检查芽点

　　对于那些种在庭院、花盆里过冬并计划移栽的植株，现在就可以把它们挖出来分球了。另外，贮藏在箱子里的球根也需要取出来分球。在种植的适宜期到来前，先按照贮藏球根（参见第 79 页）的方式继续保存分割好的球根。

基本 **准备种植区域**（参见第 42 页）

拌入堆肥或腐叶土

　　如果今年仍计划栽培大丽花，就尽快为种植区域进行土壤改良吧。需要把堆肥或腐叶土均匀拌入土壤。

基本 **种植球根**（参见第 43、44、46、47 页）

可从 3 月下旬开始

　　当东京樱花的花蕾开始隆起时，就可以在庭院、花盆中种植球根了。不过，球根的芽需要 1 个多月才能破土而出。

挑战 **催芽处理**（参见第 39 页）

使生长与开花的时间提前

　　要是想尽早观赏花朵，3 月的时候可以把球根横放在育苗盘中进行催芽。

本月的管理要点

❄ 摆放在日照充足的室内窗边
💧 盆土干燥时充分浇水
⚅ 为促成栽培的开花株施液体肥料
🍂 叶螨

这样能令植株的生长、开花时间提前。

🌱 **保存用于夏季种植的球根**

在阴凉处保存至 8 月上旬

如果为了让植株开秋花而选择在夏季种植，就需要按冬季贮藏（参见第79 页）时的状态保存球根。新购买的球根也按同样的方式保存。

🌱 **播种**（参见第 49、50 页）

NP-M.Tanaka

把塑料袋放进纸箱，填满蛭石等材料后，将之稍微湿润一下，再把球根横着埋进去，轻轻合上盖子。

管理要点

🔼 🗑 庭院栽培和盆栽

无论是一直种在庭院或花盆里的球根，还是提早种植的球根，萌芽前都无须特意打理。

🗑 盆栽

❄ **摆放：日照充足的室内窗边**

促成栽培的开花盆栽需摆在日照充足的室内。提早种植的盆栽可摆在朝南的阳台或日照充足的室内。

💧 **浇水：盆土干燥时充分浇水**

盆土干燥时，充分浇水至水从盆底流出。

⚅ **施肥：每 10 天施 1 次液体肥料**

对于促成栽培的开花盆栽，需把液体肥料（质量分数：氮元素 8%、磷元素 10%、钾元素 5% 等）按规定比例稀释后，用施肥代替浇水，每 10 天施 1 次。

🔼 🗑 病虫害的防治

🍂 **叶螨**

在空气干燥的温暖室内要注意叶螨。

分球时要保证每一块球根上都有芽（芽点），所以看不见芽的时候无法操作。无论是挖出来贮藏的球根，还是一直种在土里的球根，都建议在春季芽开始膨大时再进行分球。

另外，分球这项工作基本上是为了繁殖植株，不是每年都非做不可。直接种植挖出来的整个球根也没有问题。

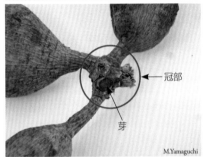

切分球根

可以像市面上的球根一样将球根切分成一块一块的（形如一个个红薯），但更推荐把两三个球根（"红薯"）分成一组的分法，这样对球根的伤害要小一些（见上图）。切分时，一定要为冠部留下芽点（见下图）。

挖出球根

与上一年春季种下的时候相比，球根增加了 4~6 倍。可用剪刀、美工刀等进行分球。

只有冠部才生芽

与茎相连的位置（冠部）是发芽的部位（生有芽点），而块状的部分不会发芽。

标记品种名称

分完后，用油性笔在球根上写好品种名称，方便管理。

挑战 催芽处理 | 适宜时期：3月

催芽处理即种植前在温暖的地方让球根提前苏醒、发芽的一种球根处理方法。催芽处理能使我们提前欣赏植株开出的花朵。在寒冷地区，由于种植时间晚，大丽花生长期、花期会无可避免地缩短，所以要想让初期生长提前开始，并延长赏花的时间，就必须采取催芽处理。

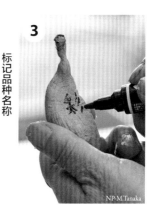

标记品种名称

用油性笔在球根上写好品种名称，以免分不清品种。

为育苗盘填入培养土

把蛭石等大颗粒的干净培养土铺进育苗盘，浇水湿润。

用竹刮刀等工具削蜡

为防止球根干燥，市面上出售的球根都像右上图一样封了蜡。为了确保球根能吸水，需先把球根尾部（与冠部相对的一端）的蜡去掉。

埋进培养土

把球根斜放在育苗盘的培养土上，微微掩埋，露出冠部即可。

让球根在温暖的地方发芽

将球根放在室内有日照的温暖区域（适宜生长的温度为20~25℃）进行管理。太潮湿的话，球根容易腐坏，因此需要注意。当芽生长到4~5cm长时，就可以种植了。

4月

April

基本 挖球根和分球

基本 准备种植区域

基本 种植球根

基本 种植盆苗

挑战 保存用于夏季种植的球根　　挑战 播种

基本 基础工作

挑战 适合中级、高级栽培者的工作

4月的大丽花

　　萌芽的季节到了，4月中旬是适合种植球根的时期。而那些一直种在土里的球根，它们的芽在土壤中膨大了不少，发育速度快的芽将于本月下旬破土而出。需要小心的是，害虫的侵害会变得频繁起来。

　　本月，店头开始上架大丽花的开花盆栽和盆苗。此时气温依然偏低，所以购买盆栽或盆苗后请将其置于日照充足的温暖环境下养护。

大丽花品种图鉴

NP-M.Tanaka

纯爱的你（Junai no Kimi）
花形：常规装饰型
花朵直径：21cm　株高：80~100cm
花瓣末端略尖，整体如波浪起伏般，兼具厚重感与动感。

 主要工作

基本 **挖球根和分球**（参见第78、38页）

于4月上旬结束前完成

　　挖球根和分球都可以在4月上旬结束前操作。还没有完成的话，请尽快进行。

基本 **准备种植区域**（参见第42页）

拌入堆肥或腐叶土

　　在栽种球根、苗的日子的2个星期前，就需要为种植区域做好土壤改良。在土壤中均匀拌入堆肥或腐叶土。而对于上一年种过大丽花的区域，应在拌入堆肥前把土壤里的老根茎清理干净。

基本 **种植球根**（参见第43、44、46、47页）

最佳时期在东京樱花凋谢后

　　本月是对球根进行庭院栽培、盆栽的适宜时期，尤其是在东京樱花凋谢之后。

基本 **种植盆苗**（参见第45、48页）

适宜时期在日本晚樱凋谢后

　　在本月有盆苗上市。但上旬的气温依然偏低，所以，预备种进庭院的盆苗需要在日照充足的温暖环境下进行管理。用于盆栽的盆苗则应尽快种植，

本月的管理要点

❋ 摆放在日照充足的户外

◖ 盆土干燥时充分浇水

❋ 为促成栽培的开花株施液体肥料和缓释复合肥料

◖ 金龟子幼虫等

然后摆在日照充足的温暖环境中进行管理。

挑战 保存用于夏季种植的球根（参见第 37、79 页）

继续保存，防止干燥

如果打算在夏季种植球根，那么继续按冬季贮藏（参见第 79 页）时的状态保存球根。新购买的球根也按同样的方式保存。

挑战 播种（参见第 49、50 页）

用于花坛、混栽的大丽花

被称为"种子系大丽花"的品种可以从种子开始培育。植株在播种后的60 天左右开花。

管理要点

🔼 庭院栽培

◖ **浇水：不需要**

基本不需要浇水。对于刚种下的盆苗，等花坛土壤变得特别干燥时再浇水。

❋ **施肥：不需要**

如果种植时施了基肥，就不需要再施肥了。

🗑 盆栽

❋ **摆放：日照充足的室外**

促成栽培的开花盆栽、种植球根的盆栽等都需要摆在日照充足的室外。请尽量摆在温暖的地方。

◖ **浇水：盆土干燥时充分浇水**

当盆土干燥时，充分浇水至水从盆底流出。注意，刚种下的球根别浇水过量。

❋ **施肥：每 7~10 天施 1 次液体肥料**

对于促成栽培的开花盆栽，需要把液体肥料（质量分数：氮元素 8%、磷元素 10%、钾元素 5% 等）按规定比例稀释后，用施肥代替浇水。同时，施规定量的草花专用缓释复合肥料，每7~10 天施 1 次。

🔼 🗑 病虫害的防治

🐛 **金龟子幼虫等**

刚萌发的嫩芽是金龟子幼虫等食害性害虫的最爱。每天仔细观察，努力做到早防治吧。

　　大丽花的种植区域应选择向阳、通风良好、排水性好的区域。在种植球根、苗的日子的两周前，需要把堆肥或腐叶土等改良土壤的材料与基肥充分混合，均匀拌入土壤。大丽花喜欢 pH 值为 5.6~6.5 的弱酸性土壤，一般情况下无须用石灰来调整土壤酸碱度。

3　均匀拌入堆肥

撒上 10L（一小桶）左右的堆肥，将之均匀拌入土壤。

1　准备堆肥与基肥

准备好堆肥（或者腐叶土）与草花专用缓释复合肥料（质量分数：氮元素 10%、磷元素 18%、钾元素 7%）。

4　撒上基肥

撒上规定量的草花专用缓释复合肥料。

2　充分耕土，深度为 20~30cm

种一棵植株时，用铁锹充分耕土，耕作深度为 20~30cm。

5　均匀拌入基肥

均匀拌入草花专用缓释复合肥料后，铺平土。

42

球根的挑选方法

大丽花球根的冠部如果没有芽（芽点），就不会生长发育，所以一定要确认球根是否带"芽"。

M.Yamaguchi

不好的球根

球根干瘪瘪的，看起来萌芽力不强，不要选择这种。球根上市一段时间后，很容易看到这样子的。

NP-S.Maruyama

芽

好的球根

球根坚实、圆润饱满，细部没有折断、受伤。冠部的芽很劳固。

M.Yamaguchi

形状、大小各不相同

不同品种的球根形状、大小差别很大，大轮品种的球根不一定就大。大丽花不像郁金香和水仙那样球根带有花芽，而是在生长过程中形成花芽，陆续开出花朵。因此，球根的大小并不重要，其所含养分足够萌芽就可以了。

封蜡的球根

为防止干燥，市面上的球根表面都被涂上了一层蜡。所以，为了方便球根吸水，需用竹刮刀等工具去掉尾部（左图下方）的蜡。

NP-M.Tanaka

基本 **种植球根（庭院栽培）**

适宜时期：3月下旬至5月中旬（春植植株）、6月下旬至8月上旬（夏植植株）

添加堆肥或腐叶土、基肥等材料后，充分耕土，两周多以后即可种植球根。生长初期的植株如果被蚜虫、夜蛾啃食，将会受到严重的伤害，因此应往栽植坑里施加渗透性杀虫剂以做好预防。

1

挖栽植坑

挖出 5~10cm 深的栽植坑。

NP-M.Tanaka

接下一页→

43

2 芽朝上摆放球根

横放球根，把会发芽的冠部置于栽植坑的中央，芽的方向朝上。

3 标记芽的位置

在根冠部的旁边插一根细木棒，为发芽的位置做好标记。

4 预防害虫

在栽植坑里撒上渗透性杀虫剂，以预防生长初期的害虫侵害。

5 填上栽植坑

填埋栽植坑，用手将土轻轻按压平整。

6 立标签

插上写有品种名称的标签。除非地面特别干燥，否则无须浇水。

不分球也可以种植

过冬后，如果球根生出多个分支，可以直接种植而无须分球。把芽置于栽植坑的中央。球根的种植深度为5~10cm。

基本 种植盆苗（庭院栽培）

　　长假（5月1日前后时间）前后会有许多品种的大丽花盆苗上市。购买时不要只看花色和花朵的大小，也不要忘了确认株高和品种的用途（用于鲜切花、花坛种植等）。购买后尽快种植吧。

③ 种苗

从育苗盆中拔出苗，将之种进栽植坑。不要弄散根球。撒上渗透性杀虫剂后把土填回去，用手轻轻按压土壤。

① 备苗

为了搭配花坛中的荆芥（*Nepeta*），这里种的是矮生的拉贝拉系列的"皮科罗橙（Piccolo Orange）"的盆苗。

② 挖栽植坑

两周前已经完成了土壤改良。用铁锹挖出栽植坑。

④ 充分浇水

在种好的苗周围堆一个土圈（形成水钵），充分浇水。

⑤ 立标签

插上写有品种名称的标签。用支柱固定较高的苗。

从小轮品种到超大轮品种，大丽花都可以种进花盆。花盆深度要在中等以上，极小轮品种用 5~8 号盆，小轮~中小轮品种用 7~10 号盆，中轮~中大轮品种用 8~15 号盆，大轮~超大轮品种则用 10~20 号盆⊖。任何材质的花盆都可以。种完后，在新芽长到 20cm 长前，要保持偏干燥的状态，这是避免球根腐坏的关键。

❶ 填入培养土

将颗粒土铺入盆底，厚度约为花盆深度的 1/4，然后填入培养土，高度略低于花盆口 10cm。

准备花盆与培养土
花盆（图中的为 10 号粗陶深盆）、草花和蔬菜用培养土、草花专用缓释复合肥料（质量分数：氮元素 10%、磷元素 18%、钾元素 7%）、用来当盆底土的大颗粒赤玉土。

拌入基肥
提前在培养土中均匀拌入规定量的草花专用缓释复合肥料。自带基肥的培养土也能这样做，但不放心的话，不加肥料也没问题，可以观察植株的情况适当追肥。

❷ 芽位于中央

横放球根，把会发芽的冠部置于花盆中央的土上。芽的方向朝上。

❸ 标记芽的位置

在根冠部的旁边插一根细木棒，为发芽的位置做标记。撒上渗透性杀虫剂，以预防害虫侵害。

⊖ 一般花盆的号数约是花盆直径（单位为厘米）的 1/3，即 5 号盆的直径约为 15cm。

④ 覆盖土壤

在芽上面覆盖约 5cm 厚的培养土。留出距盆口 3~5cm 深的浇水空间。

⑤ 充分浇水

插上写有品种名称的标签。充分浇水至水从盆底流出。

栽后管理

　　把花盆放在日照充足、通风良好的场所，维持偏干燥的状态。当气温低的时候，特别要注意不能过度潮湿，以免球根腐烂。等到盆土表层深 1cm 以上的土壤干燥后，再进行浇水。待芽长度超过 20cm 后，在盆土表面干燥时充分浇水。

⠦ 如何追肥（盆栽）

　　需为盆栽同时使用液体肥料和缓释复合肥料。对于正在开花的植株，需每 7~10 天施 1 次液体肥料（质量分数：氮元素 8%、磷元素 10%、钾元素 5% 等），代替浇水。同时，按规定的时间间隔、分量，用草花专用缓释复合肥料进行放置型施肥。对于种了球根或苗的盆栽，也可等到开花后追肥。

按规定比例稀释液体肥料，浇在植株基部，并覆盖整片盆土表面。

在盆土表面均匀放置规定量的固体肥料（缓释复合肥料）。

在市面销售的盆苗中，有的根系已经布满育苗盆，所以购买后应尽快种植。种完后将其摆在朝南的阳台等温暖环境中进行养护。此外，所用花盆和培养土等材料请参见第 46 页。

放苗

从育苗盆中拔出苗，将之放在培养土上。不要弄散根球。在根球周围撒上渗透性杀虫剂。

在花盆里铺上颗粒土

将颗粒土铺入盆底（图中的为 8 号粗陶深盆），土厚度约为花盆深度的 1/4。

填充培养土

为空隙填入培养土，使土壤表面与根球的上表面持平，然后用手轻轻按压土壤。

填入培养土

在花盆中填入培养土，土的厚度应确保把苗摆进来后，根球的上表面比花盆口矮 3~5cm。

充分浇水

插上标签后，充分浇水至水从盆底流出。

种子系大丽花属于多花性的矮生品种，开色彩清澈的单瓣花至半重瓣花。植株将在播种后的 60 天左右开花，花期持续到秋季。可以一次性培育多棵苗，以便欣赏五彩缤纷的花坛。

种子系大丽花通常被当作一年生草本植物，但由于能够形成球根，所以入秋后可以采取与栽培普通大丽花相同的方式处理。

1 准备种子

种子系大丽花的种子，可以在育苗公司的网店购买。

2 准备苗床

在育苗盘中铺上播种专用土，把育苗盘放在浅盆里。

3 一粒粒地播种

每一格播一粒种子。用镊子夹住种子，浅埋在播种专用土里。

4 从底部浇水

播完种后，在浅盆里装上浅浅的水，令土壤从育苗盘的底部吸水。

接下一页→

49

5

盖上报纸以保护

倒掉多余的水，用报纸盖住育苗盘。如果气温在15~20℃（发芽的适宜温度），可将其摆在室外明亮的背阴处进行管理。气温低的话，则摆在室内，等发芽后再将其转移到日照充足的室外。如果土壤表面干燥，就往盆中加少量的水，令土壤从底部吸水。

7

移栽进育苗盆

用筷子或镊子把苗从育苗盘中拔出，且不要弄散根球。将蔬菜、草花用培养土与草花专用缓释复合肥料按规定量混合后，装进3号育苗盆，然后把苗种进去。

6

发芽后，让幼苗沐浴阳光

种子约1周左右发芽（上图）。长出子叶后，即可揭开报纸，令幼苗充分沐浴阳光。此时停止底部供水，当土壤表面干燥时马上浇水，每周浇1次。给幼苗施肥，将液体肥料按规定比例的2倍稀释。大约1个月后，当幼苗长出两三片真叶时，便到了适合移栽的时期（下图）。

开花的种子系大丽花
上图中的是大丽花"小丑（Harlequin）""昂温（Unwin）"等。移栽后的苗需摆放在日照充足、通风良好的位置，并拉开育苗盆的间距，避免苗与苗的叶片接触。当真叶长到七八片时，就可以将苗定植在花坛或花盆里，植株不久便能开花。

大丽花栽培的高温应对措施

大丽花的原产地在墨西哥的高原地带，那里是气候凉爽而温暖的地区，因此大丽花很怕高温。近年来全球气温上升，在日本关东以西的地区大丽花变得难以栽培，这需要我们采取一些应对高温的措施，在养护上多花心思。

尽管大丽花能从初夏开到晚秋，但花朵最美的时期是初夏和入秋。栽培时应尽量把盛花期控制在这些时间内。

球根的种植 为了让植株在初夏开花，我们需要对球根进行催芽处理，以便提早种植。这种情况下建议选择早熟品种。另外，也可以推迟球根的种植时期（6 月下旬至 8 月上旬），以便欣赏秋季的花朵。

修剪 从春季开始生长发育的大丽花，会因出梅后（梅雨期结束）的高温而变得极度虚弱。可以在 7 月中旬至 8 月上旬对大丽花进行修剪，令植株基部的节冒出新芽，以有活力的状态度过夏季。

越夏措施 如果 35℃以上的地面温度持续了 1 周，根系就会腐烂、枯死。为防止地面温度上升，可以为植株基部铺覆盖物，种一些夏季有活力的草花来遮阴，在白天遮光等，设法令大丽花凉爽地度过夏季。

洒水 如果连续多日放晴，那么傍晚不仅要在植株基部浇水，还应在植株周边大范围地洒水，以降低地面温度和四周空气的温度。

挑选品种 人们已培育出在高温下也能茁壮生长的品种，还有花朵保鲜度持久的品种。光是努力栽培还不够，选择适合环境、种植目的的品种也非常重要。

强健的大丽花系列
图中的是为了从初夏到初冬都能开花而培育出来的大丽花系列，很是强健。

上图中用到了永恒（Eternity）系列的大丽花，其特征为花朵有持久的保鲜度。

5 月

基本 基础工作

挑战 适合中级、高级栽培者的工作

基本 种植球根

基本 种植盆苗

基本 摘心

挑战 保存用于夏季种植的球根

挑战 播种

---

5 月的大丽花

本月大丽花终于正式进入生长期。跟 4 月一样,本月也是适合种植球根的时期。如果想在夏季之前欣赏花朵,就需要在本月中旬结束前完成种植。

长假前后,园艺店会上架多个品种的盆苗与盆栽。挑选时,不要只看花朵的颜色和大小,也要考虑株高和用途(用于种在花坛、做鲜切花等)。

大丽花品种图鉴

NP-M.Tanaka

故乡的天空(Kokyo no Sora)
花形:直仙人掌型
花朵直径:22cm 株高:100~120cm
这是大轮直仙人掌型的经典品种,柔美的花色如梦似幻,有一种精雕细琢的美感。

主要工作

基本 **种植球根**(参见第 43、44、46、47 页)
中旬结束前种植

本月也是将球根种进庭院、花盆的适宜时期。如果希望植株在夏季前开花,就需要在本月中旬结束前种好球根。

基本 **种植盆苗**(参见第 45、48 页)
适宜期在日本晚樱凋谢后

本月有盆苗、盆栽在市面上大量流通,购买后尽快种进大花盆或花坛里吧。

基本 **摘心**(参见第 54 页)
摘芽促进分枝

对于准备摘心的植株,在植株基部向上两三节的主茎处摘掉中心的芽。

挑战 **保存用于夏季种植的球根**(参见第 37、79 页)

保存时注意避免干燥

如果打算在夏季种植球根,那么继续按冬季贮藏时的状态保存球根。新购买的球根也按同样的方式保存。

挑战 **播种**(参见第 49、50 页)
管理时注意干燥

可以用种子系大丽花的种子播种,

植株将在 6 月下旬以后开花。

管理要点

🔼 庭院栽培

💧 **浇水：不需要**

基本上不需要浇水。对于刚种下的盆苗，需等到花坛土壤变得特别干燥时再充分浇水。

⬛ **施肥：不需要**

如果种植时施了基肥，就无须再施肥。

🗑 盆栽

☀ **摆放：日照充足的室外**

无论是盆苗还是球根，都应摆在日照充足、通风良好的室外。

💧 **浇水：盆土表面干燥时充分浇水**

在生长初期，植株吸水量大。所以，当盆土干燥时，应充分浇水至水从盆底流出。不过，刚种下的球根要注意避免浇水过量。

⬛ **施肥：为开花的盆栽施肥**

如果种植时施了基肥，本月就不需要再施肥了。对于买回来的开花盆栽，则需要把液体肥料（质量分数：氮元素 8%、磷元素 10%、钾元素 5% 等）按规定比例稀释后，用施肥代替浇水。同时，施规定量的草花专用缓释复合肥料，每 7~10 天施 1 次。

🔼 🗑 病虫害的防治

🐛 **夜蛾、蚜虫、白粉病等**

气温升高后，不仅会出现啃食嫩芽的夜蛾，还会出现吸食汁液的蚜虫。要努力做到早防治。此外，本月中旬之后还会出现白粉病。需要改善日照、通风以达到预防目的。

当盆栽的表土干燥时，充分浇水至水从盆底流出。往植株基部浇水，避免淋到花朵。

大丽花的修枝方式

在放任生长的情况下，大丽花可能会延迟开花或开出劣质的花朵，无法充分展现其魅力。可以根据大丽花的品种及用途，从下面的两种方式中选择一种为其修枝。

天花修剪法（独本修剪法）

这是为了让大轮到巨大轮的品种开出更大的花朵，把养分都集中在最早开放的头茬花上的修剪方法。采用此法可促使植株开出更端正的、花瓣更多的大花朵，发挥出品种原有的花朵特征。

不过，这种方法延缓了侧枝的生长，所以二茬花需要些时间才能开。另外，如果在头茬花开败后修剪主茎，雨水有可能堆积在修剪后茎的空心部位，

导致茎的基部腐烂。因此，要为切口罩上盖子（参见第 67 页）。

摘心修剪法

这种常见的修剪方法同时适用于庭院栽培和盆栽的大丽花。当主茎长到两三节的高度，叶片长出 4~6 枚时，便可以摘掉中心位置的嫩芽（心）。此时的嫩茎尚未形成空心，伤口也愈合得快，所以不必担心有雨水流入。

摘掉茎顶的芽后，下面会长出 2~4 颗腋芽并开出头茬花。虽然花朵比采用天花修剪法的要小一点儿，但是能够一次欣赏到许多花朵。而且侧枝会依次生长，持续开花。

（基本）摘心   适宜时期：5 月（春植植株）、7 月中旬至 8 月上旬（夏植植株）

①

摘心修剪法的植株

主茎长到两三节的高度，叶片长出 4~6 枚时，便是摘心的适宜时期。

②

摘掉中心的芽

用手指折断主茎中心（顶部）的芽。

不久，长出了腋芽

摘下芽的节和它下面的节将长出腋芽（侧枝）。断口完全愈合，没有空心。

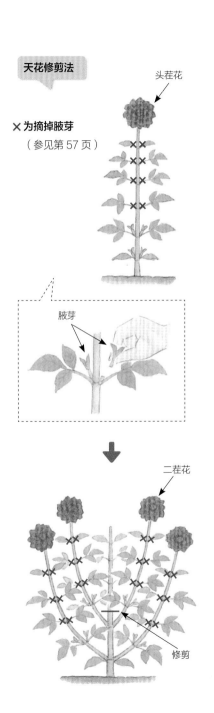

天花修剪法

头茬花

×为摘掉腋芽

（参见第 57 页）

腋芽

二茬花

修剪

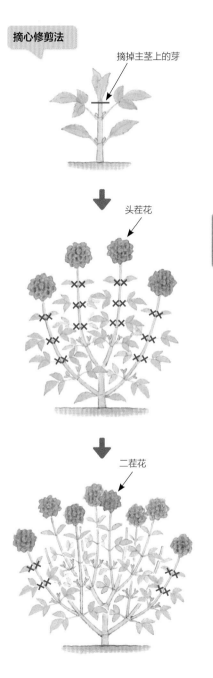

摘心修剪法

摘掉主茎上的芽

头茬花

二茬花

基本 基础工作

挑战 适合中级、高级栽培者的工作

本月的主要工作

基本 摘腋芽　　　**基本** 整理底部叶片

基本 立支柱　　　**基本** 摘蕾

基本 摘残花

基本 分球、种植球根（夏植植株）

挑战 扦插、播种

6月的大丽花

在适宜生长的温度和充足的雨水条件下，植株茁壮成长。大丽花不断长高的样子，让人感受到了生命力。

本月，于3—4月种下的早熟品种，其顶部开始形成小小的花蕾，它们逐渐膨大的模样着实激动人心。花朵在本月中旬左右绽放，但这时正好进入梅雨期，雨水可能会弄伤花朵。

大丽花品种图鉴

萤之川（Hotaru-no-kawa）

花形：内曲仙人掌型

花朵直径：12cm　株高：70~90cm

本品种矮小、易栽培，微微内弯的橙色加白色的双色花瓣给人一种柔和的感觉。

主要工作

基本 摘腋芽（参见第57页）

防止植株过于繁茂

植株会接连冒出腋芽，日益繁茂起来。中轮以上的品种只保留基部上方一两节的腋芽，其余的芽用手摘掉。

基本 整理底部叶片

改善通风，预防疾病

地表以上两节的叶片不仅容易因溅起的泥浆而变脏、受伤，它们还会影响到植株基部的通风。所以当茎长到5节以上，且顶部的两三节长了4~6枚叶片后，就把底部两节的叶片全部摘掉。

基本 立支柱（参见第59页）

防止植株倒伏

当植株长到40~50cm高时，安插支柱，以防植株倒伏。

基本 摘蕾（参见第60页）

中轮以上的品种：仅保留中心的蕾

大丽花最顶部的节会形成3颗花蕾。为了令植株开出大花，需要为中轮以上的品种摘除外侧的花蕾，仅保留中心的花蕾。

如果是小轮品种，或者希望植株大

本月的管理要点

☀ 摆放在日照充足、通风良好的室外

💧 盆栽：在盆土表面干燥时充分浇水

🔣 追肥

🐛 夜蛾、灰霉病等

量开花而不介意花朵稍小的情况，可以摘除中心蕾，令2颗侧蕾开花。

基本 摘残花（参见第60、61页）

促进下一次开花

当花朵开败后，就将其从花梗处摘除。掉在叶片上的花瓣也要清理干净，它们是导致植株发霉的原因。

基本 分球、种植球根（夏植植株）（参见第38、43、44、46、47页）

对于为了秋季赏花而保存的球根，有需要的话便可进行分球，并在本月下旬至8月上旬完成种植。

挑战 扦插、播种（参见第62、63、49页）

可进行扦插和在秋季花坛播种。

基本 摘腋芽

适宜时期：6—7月、9—10月

这是栽培大丽花的一项重要工作。保留底部一两节的腋芽，将上面的腋芽都摘掉，以促进基部腋芽的生长，令侧枝开出大量优质的花朵。另外，摘腋芽还能抑制株高、限制枝条数量，维持株姿整齐，提升花朵的质量。

1

生出腋芽

大丽花的叶片是对生叶片，所以1个节会形成2颗腋芽（箭头所指处）。

2

用手指摘掉

用手指摘掉腋芽——横向按倒，整根折断。

3

摘除两侧的芽

保留底部一两节的腋芽，上面的腋芽全部以同样的方式摘掉。

57

管理要点

⬆ 庭院栽培

⚟ 浇水：不需要

    春植和夏植的植株：本月雨水丰沛，所以无须浇水。

⚟ 施肥：为春季种植的植株追肥

    春植植株：种植时施的基肥快要失效了。等到本月下旬，可以在植株周围施草花专用的缓释复合肥料。

    夏植植株：不需要追肥。

🪴 盆栽

☀ 摆放：日照充足的室外

    春植和夏植的植株：均摆放在日照充足、通风良好的室外。

⚟ 浇水：盆土表面干燥时充分浇水

    春植植株：严重缺水时，花瓣会受到伤害，不止开不出优质的花朵，小花蕾还会枯死。所以入梅（进入梅雨期）后不能掉以轻心，充分浇水，以防植株缺水。

    夏植植株：对于刚种下的植株，要注意避免过度潮湿。

⚟ 施肥：为春季种植的植株追肥

    春植植株：持续开花需要消耗大量养分。施规定量的草花专用缓释复合肥料，然后把液体肥料（质量分数：氮元素 8%、磷元素 10%、钾元素 5% 等）按规定比例稀释后，每 7~10 天施 1 次。

    夏植植株：不需要追肥。

⬆🪴 病虫害的防治

🦋 夜蛾、灰霉病等

    梅雨时期容易出现病虫害。疾病和害虫的啃食可能会中断花期，令栽培功亏一篑。因此，应经常观察植株有没有异常，并且尽早处理异常状况。

如何追肥（庭院栽培）

在植株叶片尖梢外围的地面挖一圈浅沟。

在沟中均匀撒上规定量的草花专用缓释复合肥料。

把挖出来的土壤填回沟中。

大丽花的植株基部比较纤细，越往顶部枝叶越繁茂，能开出许多大花朵，所以大丽花总显得头重脚轻。因此，当植株被触碰或者遇到了大风时，基部上方可能会歪倒，样子变得乱七八糟的。另外，侧枝的根部也很脆弱，有可能被风吹断，甚至整根主茎都会断裂。所以应安插好支柱，防止植株倒伏、枝条断裂。

安插支柱

贴着茎插支柱。确保支柱的长度在开花时低于花朵。支柱插入的深度以不碰到球根为准。

需要安插支柱的植株

当茎长到 40~50cm 高时，即可安插支柱。

捆住茎与支柱

即使茎长得够粗壮，也要用绳子以 8 字形松松地系住茎与支柱，避免随着植株生长，绳子陷进茎里。

拉开间距

一直种在地里的植株如果长出了多根茎，就把细茎拔掉，为基部减负。

用同样的方法安插 4 根支柱

挑选出粗茎，为植株安插 4 根支柱。等茎再长高约 20cm 后，就用绳子围住支柱。如果盆栽的茎数量不多，可以为每根茎插一根支柱。

基本 摘蕾

适宜时期：6月至7月上旬、9—10月

花蕾全部开花后，植株的养分就会被分散，致使花朵缩小，变成少瓣的虚弱花朵。因此，摘蕾必不可少。

花蕾的形成方式

中心蕾 →

侧蕾　侧蕾

顶部的节会形成3颗花蕾。基本来说，大轮品种需摘除2颗侧蕾，中轮、小轮品种则应摘除中心蕾。

当中心蕾变得清晰可辨时，便到了摘蕾的适宜时期。这棵植株属于大轮品种，因此需要摘除两边的侧蕾。

基本 摘残花

花朵开败后，就从花梗的位置摘除残花。如果对残花放任不管，那么花瓣掉落后，会影响长大的种荚的美观。而且，掉在叶片上的花瓣腐烂后可能会产生霉菌，因此也要把散落的花瓣清理干净。

从花梗位置摘残花

捏住即将开败的花朵，将残花从花梗部位摘除。

专栏

应该摘哪朵花

NP-M.Tanaka

上面是3朵开花时长不同的花。如果是您，会摘除哪个时期的花呢？大多数人可能会回答摘除右边的 **C**，然而正确答案是摘除中间的 **B**。与左边的 **A** 相比，**B** 的黄色花心部分（管状花）的雄蕊已经完全长开了。要是觉得可惜，可以摘下后将其用作鲜切花。

小心摘除

NP-M.Tanaka

如果花梗的根部形成了即将开花的侧蕾，就用剪刀整根剪掉花梗，这样再开花时就不会因残枝破坏美观度了。为预防细菌性疾病的交叉感染，每剪完一棵植株就应用酒精为剪刀消毒。

侧蕾

避免混淆残花和花蕾

NP-M.Tanaka　　　　NP-M.Tanaka

花瓣凋谢后的残花（左图）和花蕾（右图）乍看之下颇为相似，但仔细一看，就会发现残花的顶部有褐色的管状花，萼片也是下垂的。应该在残花变成这样之前就将之摘掉，但如果发现了这样的残花，就将植株回剪至有花蕾、开花花朵或腋芽的位置（下图）。

NP-M.Tanaka

61

大丽花不仅可以分球种植，还可以通过扦插来繁殖。在初夏扦插长成的植株很快就能开出花朵，并于晚秋形成球根。用于扦插的枝条请从正开花的无病植株，或者是能够充分展现品种特征的植株上截取。

2

小叶片

调整插穗

如果插穗的叶片较大，我们应把顶部的叶片摘掉以抑制蒸腾作用。保留复叶根部的 2 枚小叶片。

NP-M.Tanaka

1

Ⓐ

Ⓑ

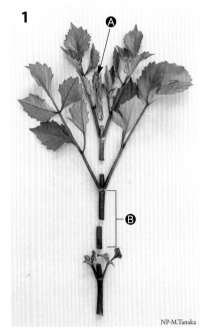

NP-M.Tanaka

把枝条剪成插穗

要把摘下的枝条做成插穗，就应像上图一样将之剪成一节一节的。不使用柔嫩的顶端（Ⓐ）。节间太长的话，需要将之剪短（Ⓑ）。这根枝条被剪成了 3 根插穗。

3

调整完的插穗

尽管插穗的叶片大小不一，但每一根都能顺利生根。

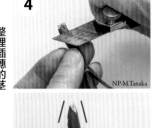

NP-M.Tanaka

4

整理插穗的茎

用美工刀等工具把插穗插入土中一侧的茎削成楔子状。

NP-M.Tanaka

NP-M.Tanaka

5

令插穗吸水

把插穗放进有水的玻璃杯中，令其吸水 0.5~1h。

NP-M.Tanaka

6

准备育苗盘

在育苗盘中铺上扦插专用培养土（也可以是不含肥料的播种专用培养土），并用水充分湿润。

NP-M.Tanaka

7

使用催根药剂

插穗吸完水后，为扦插侧的切口蘸上催根药剂。

NP-M.Tanaka

8

先戳出扦插孔

直接把插穗插进土壤的话会弄伤切口，所以应提前戳出扦插孔。

NP-M.Tanaka

9

插入插穗

把插穗插进小孔，轻轻按压培养土，固定插穗。

NP-M.Tanaka

10

摆在明亮的背阴处管理

扦插完毕后，插上写有品种名称的标签，把育苗盘摆在避风的明亮背阴处。管理时避免土壤干燥。大约一个月后将小苗上盆。

NP-M.Tanaka

63

July

7 月

本月的主要工作

基本 基础工作

挑战 适合中级、高级栽培者的工作

基本 摘腋芽　　　　基本 立支柱

基本 摘蕾　　　　　基本 摘残花

基本 修剪　　　　　基本 护根

基本 种植球根（夏植植株）基本 摘心

挑战 扦插

7 月的大丽花

春季种下球根与苗后，此时的大丽花迎来了盛花期。然而，雨水会伤害花瓣，并且大轮品种的花朵含水量足，有时雨水可能压断花梗。在排水性差的地方，积水可能导致球根腐烂。

梅雨期结束后，大丽花害怕的酷暑就来了，其生长会急剧减缓。遇到这种情况时，可以修剪枝条，好让植株休息，为秋季的开花做准备。

大丽花品种图鉴

NP-M.Tanaka

美丽时光（Beautiful Days）
花形：特殊型
花朵直径：13cm　株高：80~100cm
该品种的花色是淡桃色的底色配白色，副瓣是相同的颜色，兼具可爱感与厚重感。

主要工作

基本 **摘腋芽**（参见第 57 页）

防止植株过于繁茂

中轮以上的品种仅保留底部一两节的腋芽，上面的腋芽全部摘掉。

基本 **立支柱**（参见第 59 页）

防止植株倒伏

当植株长到 40~50cm 高时，安插支柱以防止植株倒伏。

基本 **摘蕾**（参见第 60 页）

中轮以上的品种：摘除侧蕾

如果想让中轮以上的品种开出大花，需要尽早摘除 2 颗侧蕾，仅保留中心蕾。

基本 **摘残花**（参见第 60、61 页）

促进下一波开花

当花朵开败后，就将其从花梗处摘除。掉在叶片上的花瓣也要清理干净，它们是导致发霉的原因。

基本 **修剪**（参见第 66、67 页）

令植株重获活力，度过夏季

出梅后（7 月中旬）至 8 月上旬，在天气连续放晴 2~3 天、土壤干燥度适宜的时候进行修剪。把春季开始伸

长的粗茎修剪至距离地面 20~30cm
（2~4 节）的高度。

基本 护根

抑制地表温度上升

为植株周围的地表铺上稻草等材
料，以抑制地表温度上升。最好也罩上
遮光网来避光。

大丽花惧怕地表温度高，所以应在植株基部的地
表铺上稻草等材料，抑制地表温度上升。

基本 种植球根（夏植植株）（参见第 43、
44、46、47 页）

目标是使植株在秋季开花

在 8 月上旬结束前完成种植。

基本 摘心（参见第 54 页）

从第 54 页的两种修剪方法中选择
一种吧。

挑战 扦插（参见第 62、63 页）

采用扦插方法能够繁殖出大量相同
的植株。在本月上旬结束前进行操作。

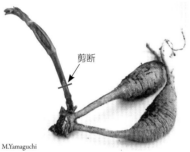

剪断

M.Yamaguchi

在为夏季种植而保存的球根中，有的芽长到了
5~20cm 长。在这种情况下，种植前需要把芽
剪断，不过，要为基部保留 2~4 节的长度。

管理要点

⬆ **庭院栽培**

🪴 **浇水：基本不需要**

春植和夏植的植株：土壤特别干燥
时充分浇水。

🟦 **施肥：为春季种植的植株追肥**

春植植株：如果 6 月没有追肥，就
于本月上旬在植株周围施富含磷元素与
钾元素的缓释复合肥料。

夏植植株：无须追肥。

65

盆栽

☼ 摆放：通风良好的明亮背阴处

春植和夏植的植株：7 月下旬后，为防止盆土温度升高，需要把盆栽转移至通风良好、没有直射阳光的位置。建议选在朝南的屋檐下或房屋的北侧。

💧 浇水：盆土干燥时充分浇水

春植植株：出梅后，在高温有所缓和的傍晚洒水以驱散白天的闷热。需要洒水的不仅是盆土，还包括整棵植株和其周围的空间。修剪之后，植株的吸水量会急剧下降。因此，为了避免过度潮湿，应仅在盆土干燥时进行浇水。

夏植植株：对于刚种下的植株，要注意避免过度潮湿。如果植株处于萌芽后的生长期，则需要充分浇水，以免缺水。

🟦 施肥：为春季种植的植株追肥

春植植株：把液体肥料（质量分数：氮元素 8%、磷元素 10%、钾元素 5% 等）按规定比例稀释后，每 7~10 天施 1 次。

夏植植株：无须追肥。

🔺🗑 病虫害的防治

🕷 螨类

梅雨时期容易出现病虫害。要做到常观察、早处理。出梅后的高温干燥期会有螨类出现。叶片泛白可能是叶螨造成的，而新芽萎缩、变成茶色，则可能是茶跗线螨引起的。

基本 修剪　适宜时期：7 月中旬至 8 月上旬

为了安然度夏，在日本关东以西的地区，需在出梅前后做好修剪工作，令植株重获活力。把春季长出的粗茎一口气修剪至距离地面 20~30cm（2~4 节）的高度。在天气连续放晴 2~3 天、土壤干燥度适宜的时候进行修剪。

庭院栽培

修剪所有的茎

庭院栽培的大丽花（上图），二茬花过了盛花期。由于在地里种了好几年，植株已经生出了几根茎。把所有的茎修剪至距离地面 20~30cm（2~4 节）的高度（下图）。不留叶片也没关系。

盆栽

修剪令盆栽植株重获活力

上方左图中的是种了好几年的盆栽植株。和庭院栽培的情况一样，把所有的茎修剪至距离土面 20~30cm（2~4 节）的高度（右图）。条件允许的话，最好将其移栽进比原盆大上约两圈的花盆里。

修剪后施液体肥料，为暴露在表面的植株基部添加土壤。上图中的是大约过了 4 周的植株，纤弱的芽已被摘除。植株将在修剪后的 30~40 天开始开花。

修剪后的切口处理与追肥

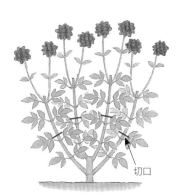

今年，如果种的是单个球根，植株就会像上图一样，由 1 根主茎上生出多根侧枝。为所有枝条做修剪时，保留距离枝条根部 1~3 节的长度。

在植株周围（大概在叶梢儿的外围）挖一圈浅沟，施规定量的草花专用缓释复合肥料后，再把土填回去

长大后，大丽花的茎是空心的，但和竹子不同，它的节不会闭合，空心会一直通向茎的基部。如此一来，雨水可能会钻进切口并堆积在基部，使得植株从基部开始腐坏。所以，应把切口罩上铝箔，以免雨水流进去。另外，修剪后要进行追肥。

67

8月

基本 基础工作
挑战 适合中级、高级栽培者的工作

本月的主要工作

基本 修剪　　　　　　**基本** 护根
基本 种植球根（夏植植株）
基本 摘腋芽（夏植植株）
基本 摘心
基本 立支柱（夏植植株）

8月的大丽花

本月迎来最炎热的时期，大丽花最害怕的酷暑天气仍在继续。大丽花几乎奄奄一息了。做好周全的酷暑应对措施，才能使植株在秋季再次开出美丽的花朵。对于庭院栽培的植株，最好也能用遮光网等工具进行遮光。

另一方面，在相对冷凉的地区，本月进入了大丽花的盛开季。夏季也能欣赏到色彩夺目的美丽花朵。

大丽花品种图鉴

芬克里夫探戈（Ferncliff Tango）
花形：微球型
花朵直径：8cm　株高：70~100cm
球状花朵的精致花瓣层层叠叠。白色与桃紫色搭配和谐。本品种没有单色的花朵。

主要工作

基本 修剪（参见第 66、67 页）
令植株重获活力，度过夏季

如果还没有对植株进行修剪，就需要在本月上旬完成。把春季开始伸长的粗茎修剪至距离地面 20~30cm（2~4 节）的高度。

基本 护根（参见第 65 页）
抑制地表温度上升

为植株周围的地表铺上稻草等材料，以抑制地表温度上升。最好再为植株罩上遮光网来避光。

基本 种植球根（夏植植株）（参见第 43、44、46、47 页）
于本月上旬种植

对于保存的球根，在本月上旬结束前完成种植。

基本 摘腋芽（夏植植株）（参见第 57 页）

对于中轮以上的品种，仅保留底部一两节的腋芽，上面的腋芽全部用手摘掉。

基本 摘心（参见第 54 页）

从第 54 页的两种修剪方法中选择一种吧。

本月的管理要点

❄ 摆放在通风良好的明亮背阴处

🌱 盆栽：在干燥时充分浇水
修剪后注意避免过度潮湿

🔲 不施肥

🐛 叶螨、夜蛾

基本 **立支柱（夏植植株）**（参见第 59 页）

防止植株倒伏

当植株长到 40~50cm 高时，安插支柱，以防植株倒伏。

管理要点

🌱 庭院栽培

🌧 浇水：**基本不需要**

春植和夏植的植株：当天气持续放晴，庭院变得特别干燥时，就于傍晚充分浇水，让水分渗入土壤深层。

🔲 施肥：**不需要**

春植和夏植的植株：无须追肥。

🪣 盆栽

❄ 摆放：**通风良好的明亮背阴处**

春植和夏植的植株：为防止盆土温度升高，需要把盆栽转移至通风良好、没有直射阳光的位置。建议选在朝南的屋檐下或房屋的北侧。

🌧 浇水：**盆土干燥时充分浇水**

高温会导致叶片下垂，看起来干瘪

的，但只要盆土没有变干，就不需要浇水。等到盆土干燥后再浇水吧。

春植植株：在高温有所缓和的傍晚洒水以驱散白天的闷热。需要洒水的不仅是盆土，还包括整棵植株及其周围的空间。修剪之后，植株的吸水量会急剧下降。因此，为了避免过度潮湿，应仅在盆土干燥时进行浇水。

夏植植株：对于刚种下的植株，要注意避免过度潮湿。如果植株处于萌芽后的生长期，则需要充分浇水，以免缺水。

🔲 施肥：**不施肥**

春植和夏植的植株：酷暑期间不施肥。

🗑 病虫害的防治

🐛 叶螨、夜蛾

高温干燥期很容易出现叶螨、茶跗线螨。为叶片背面浇水，做好预防吧。另外，修剪后长出的新芽是夜蛾等害虫的最爱。要努力做到勤观察、早处理。

September

9 月

基本 基础工作

挑战 适合中级、高级栽培者的工作

本月的主要工作

基本 护根

基本 摘腋芽

基本 整理底部叶片

基本 立支柱　　基本 摘蕾

基本 摘残花

9 月的大丽花

即使到了 9 月，白天的气温依然不降，但是早晚时分凉爽了下来。进入本月中旬后，生长迟缓的大丽花再次旺盛生长起来，修剪过的植株、生长迅速的夏植植株开始开花。随着气温逐渐下降，花色将愈发鲜艳，花朵变得更大，花的数量也变多，展现出大丽花本来的魅力。

为防止强风对植株造成伤害，要做好周全的台风应对措施。

大丽花品种图鉴

NP-M.Tanaka

彗星（Comet）
花形：银莲花型
花朵直径：10cm　株高：70~100cm
本品种的舌状花与管状花均为深红色，是银莲花型的经典品种。

主要工作

基本 护根（参见第 65 页）

抑制地表温度上升

本月上旬继续护根。

基本 摘腋芽（参见第 57 页）

调整株姿，令植株更加美观

修剪后植株会冒出新芽，可部分虚弱的新芽不仅会影响植株内部的通风，还会诱发病虫害，因此，需要整根摘除它们。另外，对于夏季种植的植株，中轮以上的品种仅保留底部一两节的腋芽，上面的腋芽全部用手摘掉。

基本 整理底部叶片

改善通风，预防疾病

摘除底部 2 节的叶片吧。

基本 立支柱（参见第 59 页）

防止植株倒伏

当植株长到 40~50cm 高时，安插支柱，以防植株倒伏。为了更放心一些，也要加固已经安插支柱的植株，以抵御台风。

基本 摘蕾（参见第 60 页）

中轮以上的品种：仅保留中心蕾

如果想让中轮以上的品种开出大

本月的管理要点

❄ **本月上旬将盆栽摆在明亮的背阴处，进入中旬后则摆在通风良好的向阳处**

🌙 **盆栽：在盆土干燥前充分浇水**

❄ **长额负蝗进入中旬后追肥**

🎲 **长额负蝗、金龟子等**

花，需尽早摘除 2 颗侧蕾，仅保留中心蕾。如果是小轮品种，或者希望植株大量开花而不介意花朵稍小的情况，可以摘除中心蕾，令 2 颗侧蕾开花。

基本 摘残花（参见第 60、61 页）

促进下一波开花

即将开败的花朵影响美观，而散落的花瓣会导致霉菌的出现，因此要尽早将残花摘除。

管理要点

⬆ 庭院栽培

🌙 **浇水：基本上不需要**

春植和夏植的植株：土壤特别干燥时充分浇水。

🎲 **施肥：追肥**

春植和夏植的植株：本月中旬后在植株周围施规定量的草花专用缓释复合肥料。

🪣 盆栽

❄ **摆放：进入本月中旬后将盆栽摆放在向阳处**

春植和夏植的植株：本月上旬将盆栽摆在明亮的背阴处，进入中旬后，则将其摆在日照充足、通风良好的地方进行管理。预计台风即将来袭时，尽快把盆栽搬进室内等地。

🌙 **浇水：盆土干燥前充分浇水**

春植和夏植的植株：当植株长势变得旺盛、花朵开始不断绽放时，植株会需要大量的水分，应在盆土干燥前充分浇水。

🎲 **施肥：追肥**

春植和夏植的植株：到了本月中旬即可施规定量的草花专用缓释复合肥料。再把液体肥料（质量分数：氮元素 8%、磷元素 10%、钾元素 5% 等）按规定比例稀释后，每 7~10 天施 1 次。

⬆ 🪣 病虫害的防治

🎲 **长额负蝗、金龟子等**

随着天气转凉，病虫害出现的频率变高了。啃食叶片的长额负蝗、啃食花瓣的金龟子、潜入花蕾的棉铃虫等害虫，可能会让我们先前的努力功亏一篑。通过捕杀和喷洒杀虫剂来努力进行防治吧。疾病方面，容易出现白粉病。黑叶系品种染病后，症状特别明显，需要定期喷洒杀菌剂。

1 月
2 月
3 月
4 月
5 月
6 月
7 月
8 月
9 月
10 月
11 月
12 月

71

10月

本月的主要工作

基本 摘腋芽
基本 立支柱
基本 摘蕾
基本 摘残花

10月的大丽花

大丽花迎来了最美的季节，清澈的秋日天空与鲜艳的花朵相映成趣。适宜生长的气温与适量的雨水等生长条件在此时全部凑齐后，大丽花将接连生出花蕾。为了令植株开出优质的花朵，摘蕾、摘残花等工作一项都不能少。

在相对冷凉的地区，本月下旬会下霜，植株的地上部分有可能一夜之间全部枯萎。

大丽花品种图鉴

大草原（Daisougen）
花形：不规则装饰型
花朵直径：24cm　株高 80~100cm
本品种略带微微波褶的花瓣呈渐变的桃色。

主要工作

基本 **摘腋芽**（参见第 57 页）
调整株姿，美化植株

为了让陆续开放的花朵看起来更加美丽，需要摘除多余的芽，以防枝叶混杂。

基本 **立支柱**（参见第 59 页）
防止植株倒伏

本月依然处于台风季，需要安插支柱以防植株倒伏。为了更放心一些，也要加固已经安插支柱的植株，以抵御台风。

基本 **摘蕾**（参见第 60 页）
中轮以上的品种：仅保留中心蕾

花蕾接连形成。如果想让中轮以上的品种开出大花，需尽早摘除 2 颗侧蕾，仅保留中心蕾。如果是小轮品种，或者希望植株大量开花的情况，可以摘除中心蕾，令 2 颗侧蕾开花。

基本 **摘残花**（参见第 60、61 页）
促进下一波开花

即将开败的花朵影响美观，而散落的花瓣会导致霉菌的出现，因此要尽早从花梗处将残花摘除。

本月的管理要点

❄ 摆放在日照充足、通风良好的位置

💧 盆栽：在盆土干燥前充分浇水

▦ 追肥

🐛 长额负蝗

管理要点

⬆ 庭院栽培

💧 **浇水：不需要**

　　春植和夏植的植株：基本不需要。

▦ **施肥：追肥**

　　春植和夏植的植株：如果 9 月没有追肥，在本月尽快在植株周围施规定量的草花专用缓释复合肥料。

🪣 盆栽

❄ **摆放：日照充足、通风良好的位置**

　　春植和夏植的植株：在日照充足、通风良好的地方进行管理。

💧 **浇水：盆土干燥前充分浇水**

　　春植和夏植的植株：盛花期的植株需要大量的水分，应在盆土干燥前充分浇水。

▦ **施肥：追肥**

　　春植和夏植的植株：养料不足时，植株难以接连生出花蕾。在断肥之前，施规定量的草花专用缓释复合肥料，再把液体肥料（质量分数：氮元素 8%、磷元素 10%、钾元素 5% 等）按规定比例稀释后，每 7~10 天施 1 次。

⬆ 🪣 病虫害的防治

🐛 **长额负蝗**

　　随着气温的下降，病虫害会减少，但依然有啃食叶片的长额负蝗出现。

盆栽大丽花品种 ❸

FAJ

黑蝶（Black Butterfly）
显然，这是大轮的黑色大丽花品种。它的开花盆栽大受欢迎。

基本 摘残花

基本 越冬准备（庭院栽培）

基本 基础工作

挑战 适合中级、高级栽培者的工作

11 月的大丽花

花朵的争奇斗艳进入了尾声。气温下降的同时，大丽花的花量有所减少，花朵也变小了。重瓣品种的花瓣层数变少。一旦出现强霜天气，植株的地上部分就会变黑、枯萎，进入休眠状态。

在预计有强霜日子的前一天，不妨把花朵剪下来，做成鲜切花来感受美丽的余韵。

大丽花品种图鉴

NP-M.Tanaka

永明彦星（Eimei Hikoboshi）
花形：星型
花朵直径：12cm　株高：70~100cm
背面为紫色的花瓣两侧向内卷，像星星一样尖锐。花瓣层层叠叠，看起来仿佛是几何图形。它属于早熟品种。

主要工作

基本 摘残花（参见第 60、61 页）

将美丽维持到最后一刻

开花的季节即将结束，将美丽维持到最后一刻，把开败的花朵从花梗处摘除吧。

基本 越冬准备（庭院栽培）

剪掉枯萎的地上部分

人们往往以为此时需要把大丽花的球根挖出来贮藏到春季，但在日本关东以西的温暖地区，土壤内部并不会冻结，可以把植株种在地里过冬。如果要更换种植地点或进行分球繁殖，可在 3 月挖出球根。

假如种在地里越冬，就需要等到植株地上部分因下霜枯萎后，去掉支柱，修剪枯萎的茎（保留 10cm 的长度即可）。如果留下的茎比较粗壮，则需要用铝箔等物盖住切口，以防过冬的时候水分流入茎的空心，致使球根腐烂。必须为剩余的茎添上写有品种名称的标签。

本月的管理要点

❄ 摆放在日照充足、通风良好的位置
◐ 盆栽：等到没有花朵之后停止浇水
▣ 不需要施肥
🐛 几乎没有病虫害

 盆栽大丽花品种 **4**

管理要点

⬆ 庭院栽培

◐ **浇水：不需要**

春植和夏植的植株：无须浇水。

▣ **施肥：不需要**

春植和夏植的植株：无须施肥。

🪴 盆栽

❄ **摆放：日照充足、通风良好的位置**

春植和夏植的植株：在日照充足、通风良好的地方进行管理。

◐ **浇水：盆土干燥时充分浇水**

春植和夏植的植株：对于开花中的植株，需在盆土干燥时充分浇水。等到本月中下旬没有了花朵后，就停止浇水，令茎自然枯萎。如此便能促进球根成熟。

▣ **施肥：不需要**

春植和夏植的植株：无须施肥。

⬆🪴 病虫害的防治

🐛 **几乎没有病虫害**

随着气温的下降，病虫害减少，不久后地上部分也会枯萎，几乎没什么需要担心的。

在市面出售的盆栽大丽花中，有原本能长到1m左右高的品种，如下面两个品种，还有第73页的黑蝶。通过矮化剂和栽培技术，这些品种被培育出了紧凑的外形。但来年入春后，盆内形成的球根将成长为原本高度的植株。

祝宴（Shukuen）

NP·M.Tanaka

柠檬酪（Lemon Curd）

NP·M.Tanaka

75

本月的主要工作

基本 防寒（庭院栽培）
基本 挖球根
基本 贮藏球根

基本 基础工作
挑战 适合中级、高级栽培者的工作

12 月的大丽花

在许多地区，大丽花的地上部分在 11 月便已枯萎，植株进入了休眠期。然而，在温暖地区和城市里不会下霜，有时候大丽花的茎依然是绿油油的。

即便想在种过大丽花的土地上栽种草花苗，也要避免挖出生有绿茎的球根。因为球根尚未发育完全，可能会在贮藏时蔫掉而丧失发芽的能力。

大丽花品种图鉴

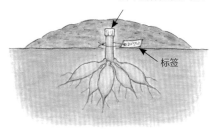

勒·克洛科（Le Croco）
花形：单瓣型
花朵直径：10cm 株高：70~80cm
该品种花瓣呈淡橙色，越往花心颜色越浓郁，与黑色花心相映成趣。花形是一种魅力十足的单瓣型。它属于早熟品种。

主要工作

基本 防寒（庭院栽培）

保护球根不被冻结

假如令大丽花种在地里越冬，就需要等到植株地上部分因下霜而枯萎后，去掉支柱，修剪枯萎的茎（保留 10cm 左右的长度即可）。必须为剩余的茎添上写有品种名称的标签。给切口罩上盖子，在球根上方覆盖 5~10cm 厚的腐叶土、落叶或稻草等物。

为防止水分流入茎的空心，用铝箔盖住了切口

标签

剪掉枯茎后，在球根上方覆盖厚厚一层腐叶土等材料。

基本 挖球根（参见第 78 页）

待植株地上部分枯萎后挖出球根

在土壤会冻结的地区，积雪厚重且

本月的管理要点

☀ 摆放在避开霜和雨的屋檐下等处
💧 不需要浇水
▒ 不需要施肥
🍃 几乎没有病虫害

雪融化时会变得过度潮湿的地区，一直种在土里的球根可能会腐烂。因此需要在初冬的时候把它们挖出来贮藏。当植株地上部分枯萎后，就对茎进行修剪，保留约 10cm 的长度，随后再把球根挖出来。必须为剩余的茎添上写有品种名称的标签。

基本 贮藏球根（参见第 79 页）

防止冰冻与干燥

与郁金香等植物的球根不同，大丽花的球根富含水分，却只包了一层薄薄的外皮，因此很容易受到环境变化的影响。如果贮藏方法不当，球根就会因冰冻、腐烂、干燥等原因而失去发芽的能力。请悉心贮藏挖出来的球根吧。

将盆栽直接贮藏

把盆栽的枯茎回剪至土表后，即可直接贮藏。可以把花盆摆放在避开雨雪、温度约为 5℃ 的储物间或屋檐下。把花盆叠起来也没问题。

为防止过度干燥，可以每 1 个月少量浇水 1 次。

管理要点

🔼 庭院栽培

💧 **浇水：不需要**

春植和夏植的植株：无须浇水。

▒ **施肥：不需要**

春植和夏植的植株：无须施肥。

🪣 盆栽

☀ **摆放：避开霜和雨的屋檐下等处**

春植和夏植的植株：摆在避开霜和雨水的屋檐下等位置。

💧 **浇水：不需要**

春植和夏植的植株：植株进入了休眠状态，因此无须浇水。

▒ **施肥：不需要**

春植和夏植的植株：植株进入了休眠状态，因此无须施肥。

🔼🪣 病虫害的防治

🍃 **几乎没有病虫害**

气温下降，植株的地上部分枯萎了，几乎不会出现病虫害。

1 月
2 月
3 月
4 月
5 月
6 月
7 月
8 月
9 月
10 月
11 月
12 月

人们会出于防寒、更换种植区域、繁殖等目的把球根挖出来。当植株的地上部分枯萎后，对枯茎进行修剪，保留约10cm的长度。再为保留的这截茎添上写有品种名称的标签，以防混淆。而在土壤会冻结的地区，需在初冬的时候挖出球根以贮藏。在日本关东以西的地区则可以令植株一直种在土地里，待到来年3月再挖出球根。

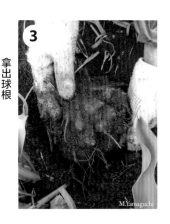

3 拿出球根
一只手托住球根的底部，将之轻轻地取出来。注意，不要弄断单个球根与冠部的连接处。

1 用手找出球根
用手在茎的周围找出球根的位置。

4 洗掉土壤
挖出来的球根上粘有大量土壤，因此需要将其泡在水里，用牙刷等工具清洗干净。

2 弄断根须
把铲子插进球根外围，弄断细根，好让挖掘工作轻松一些。再把铲子深深地斜插进球根下方，弄断剩余的细根。

5 晾干
如果球根需要贮藏，就应先在背阴处晾2~3天。这团球根出自在土里种了2年的植株。

基本 贮藏球根　｜　适宜时期：12 月至来年 3 月

　　贮藏球根的重点，在于避免球根冻结与变干燥。在纸箱中装一只大号的塑料袋，往里面填入蛭石、泥煤藓或木屑等材料，将之稍微湿润，再把球根埋进去。塑料袋不必密封，只需把纸箱的盖子合上。最后，将纸箱摆放在 5℃ 的环境下进行管理。

3　填埋球根

用土填埋，一直埋到看不见球根。当泥煤藓等填充材料比较干燥时，如果纸箱大小约等于柑橘箱，就用喷雾瓶喷洒约 100㎖ 的水。

1　写上品种名称

用油性笔为做好贮藏准备的球根标上品种名称。

4　折叠袋口

合上塑料袋。不用密封，折叠袋口即可。

2　填充箱子

在纸箱中装一只大号的塑料袋，往里面填入湿润过的蛭石、泥煤藓或木屑等材料，然后把球根横放进去。

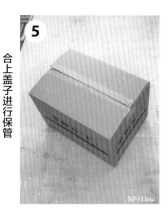

5　合上盖子进行保管

轻轻合上纸箱的盖子。在温度为 5℃ 左右的地方一直保存到来年春季。

帝王大丽花的培育方式

NP-T.Maki

帝王大丽花在黄叶背景的衬托下盛开着。这已成为晚秋时节温暖地区的一道风景。

短日照植物，不耐霜冻

帝王大丽花的生长周期和普通的大丽花一样，它们在其原产地于雨季开始的时候萌发新芽，伴随着雨水生长、开花，到了旱季便进入休眠状态。不过，帝王大丽花属于短日照植物，当白日时间约为12.5h的时候就会形成花蕾。所

以，在日本它们将在9月中旬至下旬开始形成花蕾，在11月中旬以后开花。由于不耐霜冻，在比日本关东北部更北的那些寒潮提前来临的地方，帝王大丽花难以在室外开花。而且即使在关东南部，如果遇到提前下霜的年份，花蕾可能还没来得及开花就全部枯萎了。

帝王大丽花栽培月历

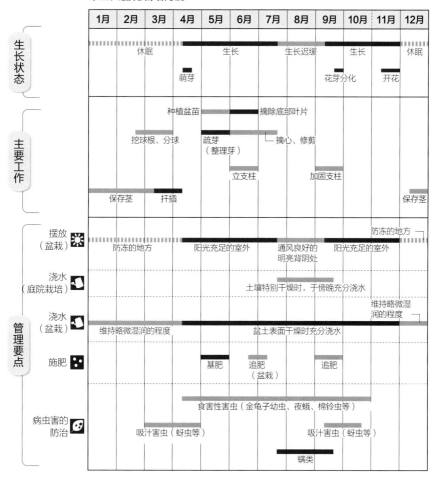

种植

在日本关东以西的地区，帝王大丽花既能够庭院栽培也能够盆栽。春季有盆苗上市，可以在 5 月长假结束后种植。将苗种进庭院时，需要选择日照、通风良好（避开强风）的位置。另外，假如旁边有路灯，植株会对灯光产生反应，花蕾形成的时间会延迟，所以将之种在夜间没有人工照明的地方吧。

春季上市的帝王大丽花的苗（3 号盆），需立即移栽进 5 号盆，肥培管理至适宜种植的时期。

定植庭院

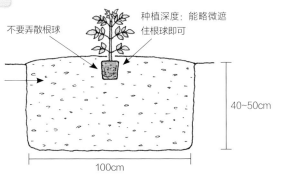

不要弄散根球

种植深度：能略微遮住根球即可

在种植时间的 2 周前翻动土壤，均匀拌入 2 小桶（15~20L）腐叶土和规定量的缓释复合肥料（质量分数：氮元素10%、磷元素 18%、钾元素 7% 等）

40~50cm

100cm

定植花盆

10 号以上的花盆

不要弄散根球

在草花、蔬菜培养土中拌入规定量的缓释复合肥料（质量分数：氮元素 10%、磷元素18%、钾元素 7% 等）

颗粒土

盆底网

栽后管理

摆放： 将盆栽摆在日照、通风良好的位置进行管理。

为避免盆内温度升高，夏季需为盆栽遮光，或为盆栽创造出背阴环境。

浇水： 庭院栽培时一般不需要浇水。但是，如果夏季天气持续干燥，就需要于傍晚在植株基部充分浇水。盆栽，则等到表土干燥时充分浇水。尤其注意避免缺水。

施肥： 对于庭院栽培的植株，在种植时施基肥，然后等到 9 月气温下降、植株恢复生长时，施规定量的缓释复合肥料（质量分数：氮元素 10%、磷元素 18%、钾元素 7% 等）。

病虫害的防治： 在苗还幼小的时候，要小心啃食叶片的夜蛾。夏季的干燥期还有螨类会对植株造成伤害。几乎不需要担心疾病。

主要工作

摘除底部叶片

当苗长到 1m 左右高时，需要摘除底部的叶片以改善通风。随着植株的成长，要向上依次摘除距地表 1m 左右的叶片。

立支柱

虽然有粗壮结实的茎，但植株会长高，叶片也会繁茂，容易遭受风吹，可能被强风吹倒。所以，当株高达到 1m 左右时就安插支柱吧。等植株高度超过人的身高后，插 3 根支柱加固会更保险。盆栽可以使用晾衣竿作为支柱。

摘心、修剪

摘除芽尖和修剪枝条可以令植株分枝。但要注意的是，假如 7 月中旬仍未操作，植株有可能无法形成花蕾。另外，分枝后的枝条容易从根部断裂，所以需要用支柱牢牢支撑。

花后修剪与防寒

在冬季，植株的地上部分会枯萎，因此，需在花朵开败后把茎修剪至地表。只要球根不挨冻，植株就能度过冬季。在有霜柱形成的地区，保险起见，需在下霜前用落叶或稻草为植株基部盖上厚厚一层（参见第 76 页）。

疏芽（整理芽）

需要为在同一块土地种植了几年的植株进行这项工作，于 5 月操作。对于球根上会形成多颗芽的植株，需要摘除虚弱的芽以限制之后长成的茎的数量，同时还能改善植株基部的通风。

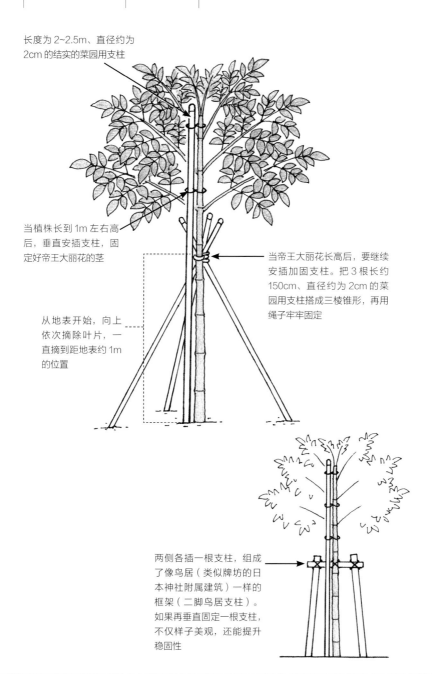

长度为 2~2.5m、直径约为 2cm 的结实的菜园用支柱

当植株长到 1m 左右高后，垂直安插支柱，固定好帝王大丽花的茎

从地表开始，向上依次摘除叶片，一直摘到距地表约 1m 的位置

当帝王大丽花长高后，要继续安插加固支柱。把 3 根长约 150cm、直径约为 2cm 的菜园用支柱搭成三棱锥形，再用绳子牢牢固定

两侧各插一根支柱，组成了像鸟居（类似牌坊的日本神社附属建筑）一样的框架（二脚鸟居支柱）。如果再垂直固定一根支柱，不仅样子美观，还能提升稳固性

繁殖方式

帝王大丽花的球根大而坚硬，与一般的栽培大丽花不同。虽然可以分球，但操作起来很困难，所以通常对帝王大丽花采用扦插的方式繁殖。在晚秋降霜，植株顶部枯死的时候操作。

从基部切断茎后，再将之分割成每

截长 1~2m 的短茎，用干燥的报纸包好并在 5~7℃的阴暗环境中保存至来年 3 月中下旬。其间无须使之湿润。到了来年春季，便可按照下方的方式进行扦插。此外，在温暖地区，秋季分割完茎部后也可以立即扦插。

 竖插法

分割后每段茎有一个节。节下面留长一些。

先前长叶片的位置将会发芽

不含肥料的干净培养土（只用赤玉土或市面销售的扦插专用土等）

刚好埋住节

颗粒土

将花盆摆放在明亮的背阴处，管理时避免培养土变得干燥；发芽后将之转移至向阳处。过了 1.5~2 个月后，便可以将苗种进庭院中的目标区域或花盆里了。

横放法

切割茎，令每截茎包含两三个节，将之横放在种植箱等容器中，覆盖土壤至遮住茎。

不含肥料的干净培养土（只用赤玉土或市面销售的扦插专用土等）

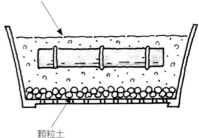

颗粒土

将种植箱摆放在避雨且日照充足的屋檐下等位置，干燥时浇水。当新芽长到 20~30cm 长时，从根部截断并将其一棵棵扦插进花盆，这样便能培育出可以盆栽的苗。如果准备种进庭院，可以直接种植发芽的整段茎。

病虫害的防治

如果在高温高湿的地区栽培大丽花，酷暑天气会令植株变得虚弱，容易遭受病虫害。为了使大丽花受到最少的伤害，要经常观察，在发现疾病症状、害虫、啃食痕迹后立刻采取措施。

※ 适用药剂源自 2022 年 8 月以前的信息。

主要的害虫

蚜虫

出现时期 4—10 月

危害 蚜虫附着在娇嫩的叶片、茎上吸食汁液，致使芽和花蕾变得虚弱。另外，蚜虫会传播病毒性疾病。

措施 发现后用手指捏死蚜虫。使用乙酰甲胺磷颗粒（噻虫胺颗粒剂）、噻虫胺·甲氰菊酯·嘧菌胺杀虫杀菌剂等药剂。

蓟马

出现时期 5—10 月

危害 花瓣会出现雾状的小白斑；蓟马寄生数量多的话，会造成植株枯萎。

措施 使用乙酰甲胺磷颗粒、噻虫胺·甲氰菊酯·嘧菌胺杀虫杀菌剂等药剂。

金龟子幼虫

出现时期 4—6 月、8—10 月

危害 金龟子幼虫于夜间活动，会啃食刚萌发的新芽。

措施 金龟子幼虫白天潜伏在浅层土壤里，可以在受害植物的周围搜寻以捕杀。找到金龟子幼虫以后，需在植株基部撒上氯菊酯颗粒。

夜蛾幼虫

出现时期 5—10 月

危害 从叶片到花朵，夜蛾幼虫会大范围地啃食植株。

措施 把背面有虫卵的叶片、幼虫成群附着的叶片全部摘除并处理掉。如果使用药剂，应尽量在幼虫还小的时候使用乙酰甲胺磷颗粒、氯菊酯乳剂等。

长额负蝗

出现时期 7—10 月

危害 幼虫、成虫会啃食叶片与花朵。

措施 发现后立即捕杀。喷洒杀螟松乳剂。

长额负蝗

豆秆野螟

出现时期 5月中旬至10月上旬，日本关东以西的地区一年出现3次，寒冷地区一年出现1次。它也叫款冬玉米螟。

危害 幼虫钻进茎内啃食，会有粪便从钻孔处排出。受害部位以上有可能枯萎。

措施 剪下并处理掉受害部位。没有适用的药剂。

棉铃虫

出现时期 6—10月

危害 幼虫会钻进花蕾啃食内部的花瓣，导致植株无法开花。

措施 发现后立即捕杀，摘除并处理掉有洞的花蕾。喷洒甲维盐乳剂等。

金龟子

出现时期 5—9月

危害 金龟子成虫会飞到花朵上啃食花瓣。

措施 发现后立即捕杀。没有适用的药剂。

啃食花朵的日本金龟子

被棉铃虫幼虫啃食的花蕾

啃食花朵的棉铃虫老龄幼虫

潜蝇

出现时期　6—10 月

危害　潜绳幼虫会侵入叶片，啃食叶肉并留下白色的线状痕迹。它的俗名叫画线虫。

措施　用手指捏死叶片里面的幼虫。喷洒噻虫胺·甲氰菊酯·嘧菌胺杀虫杀菌剂等药剂。

潜蝇幼虫啃食叶片所留下的痕迹

叶螨

出现时期　5—10 月

危害　叶螨是体长约 0.5mm 的螨，会聚集在叶片背面吸食汁液。叶片表面会褪色，呈白色雾状。

措施　数量较少时可用胶带等工具将之粘掉。叶螨怕水，所以浇水时也为叶片背面浇一些。喷洒甘油酯乳剂、甲氰菊酯速效杀虫剂等药剂。

茶跗线螨

出现时期　7—10 月

危害　茶跗线螨是一种小到肉眼几乎看不见的螨，出现在高温时期。它们寄生在植株上后，会使新芽和叶片硬化、变成褐色，有时也会使花蕾变得奇形怪状的。

措施　剪下并处理掉受到伤害的部位。没有适用的药剂。

寄生的茶跗线螨使得大丽花的新芽叶片枯萎了。

蛞蝓

出现时期　4—6 月、9—10 月

危害　蛞蝓在夜间和雨天活动，会啃食刚冒出的新芽与花朵。

措施　发现后立即捕杀，或在植株基部撒上四聚乙醛颗粒等药剂。

啃食花朵的瓦伦西亚列蛞蝓

主要的疾病

花叶病

出现时期 整个生长期

症状 这是一种由病毒引起的疾病。染病的叶片会萎蔫、缩小，出现斑驳的绿色花纹，花朵也会变得奇形怪状的，植株出现发育不良等问题。

措施 由于该病无法治愈，所以应拔出并处理掉发病的植株。患病植株的汁液也具有传染性，因此每处理完一棵植株，就应对剪刀进行消毒。另外，这种病会以蚜虫、蓟马为媒介传播，所以要彻底防治这些害虫。

白粉病

出现时期 5—10月

症状 这是一种由霉菌引起的疾病。染病的叶片上仿佛撒了一层小麦粉，不久后症状逐渐扩散至整棵植株，并从底部叶片开始枯萎。

措施 改善日照与通风，预防疾病发生。病叶要及时摘掉。患病初期喷洒胺磺铜杀菌剂、噻虫胺·甲氰菊酯·嘧菌胺杀虫杀菌剂等药剂。

灰霉病

出现时期 4—7月。多发生在气温为20~25℃的时候。

症状 这是一种由霉菌引起的疾病。染病的叶片、茎、花朵上会出现像水渍一样的斑点，而且斑点会扩散至整棵植株。不久后患病部位变成暗褐色并腐烂，其上将生出灰色的霉菌。

措施 改善日照与通风，预防疾病发生。喷洒噻虫胺·甲氰菊酯·嘧菌胺杀虫杀菌剂、胺磺铜杀菌剂等药剂。

花枯病

出现时期 6—9月

症状 这是一种由霉菌引起的疾病。染病的花瓣的尖梢会出现茶褐色的斑点，不久斑点扩散至整朵花，最终花朵枯萎。

措施 摘下并处理掉发病的花朵。没有适用的药剂。

白粉病

花枯病

苗立枯病

出现时期 5—6 月

症状 这是一种由霉菌引起的疾病。萌芽后不久，茎的地表部分就萎蔫、变黑，最终倒伏、枯死。

措施 喷洒克菌丹杀菌剂。挖出并处理掉患病植株和其周围的土壤。

细菌性软腐病

出现时期 7—8 月

症状 这是一种由细菌引起的疾病。染病的茎的地表部分像渗水了一般变为暗褐色，整体萎蔫，好像失去了生命力。球根也软化腐坏，产生独特的恶臭味。

措施 挖出并处理掉患病植株和其周围的土壤。没有适用的药剂。

暗纹病

出现时期 4—10 月

症状 这是一种由霉菌引起的疾病。染病的叶片会出现深色的病斑，不久变为暗褐色。

措施 摘下并处理掉出现病斑的叶片。没有适用的药剂。

青枯病

出现时期 5—8 月

症状 绿色的叶片萎蔫，失去了活力，并在 2~3 天后枯死。这时球根也已经腐坏了。

措施 种在排水性差的地方的植株容易生此病，因此，种植时要选择排水良好的位置。挖出并处理掉患病植株和其周围的土壤。没有适用的药剂。

白绢病

出现时期 6—9 月

症状 贴近地表的茎在长出茶褐色斑点后腐坏，绢丝一般的霉菌会出现在患病部位和其周围的土上。植株不久便会枯死。

措施 把植株种在排水性好的地方，改善通风。在植株基部喷洒氟担菌宁杀菌剂。

Original Japanese title: NHK SYUMI NO ENGEI 12 KAGETSU SAIBAI
NAVI 20 DAHLIA

Copyright © 2022 Yamaguchi Mari

Original Japanese edition published by NHK Publishing, Inc.

Simplified Chinese translation rights arranged with NHK Publishing, Inc.

through The English Agency (Japan) Ltd. and Shanghai To-Asia Culture Co., Ltd.

This edition is authorized for sale in the Chinese mainland (excluding Hong
Kong SAR, Macao SAR and Taiwan).

北京市版权局著作权合同登记 图字：01-2023-0513号。

图书在版编目（CIP）数据

大丽花12月栽培笔记/（日）山口茉莉著；谢鹰译.—北京：机械工业出版社，2023.8

（NHK趣味园艺）

ISBN 978-7-111-73573-1

Ⅰ.①大… Ⅱ.①山… ②谢… Ⅲ.①大丽花—观赏园艺

Ⅳ.①S682.2

中国国家版本馆CIP数据核字（2023）第137239号

机械工业出版社（北京市百万庄大街22号 邮政编码100037）
策划编辑：于翠翠　　　　责任编辑：于翠翠
责任校对：王荣庆　张　薇　责任印制：郜　敏
北京瑞禾彩色印刷有限公司印刷
2023年11月第1版第1次印刷
148mm×210mm·2.875印张·2插页·55千字
标准书号：ISBN 978-7-111-73573-1
定价：35.00元

电话服务　　　　　　　　网络服务
客服电话：010-88361066　机 工 官 网：www.cmpbook.com
　　　　　010-88379833　机 工 官 博：weibo.com/cmp1952
　　　　　010-68326294　金 书 网：www.golden-book.com
封底无防伪标均为盗版　机工教育服务网：www.cmpedu.com

封面设计
冈本一宣设计事务所

内页设计
山内迦津子、林圣子
（山内浩史设计室）

封面摄影
秋田国际大丽花园

内页摄影
今井秀治/田中雅也/
成清澈也/牧稔人/
丸山滋

插图
江口Akemi
Tarajirou（人物）

校对
安藤干江

编辑协助
高桥尚树

策划与编辑
冈崎Adusa
渡边伦子（NHK出版）

图片提供与摄影协助
秋田国际大丽花园/M and B
Flora/春井胜/杂花园文库/
高松商事/日本大丽花协会/
Flower Auction Japan/
宫渊大丽花园/矢祭园艺/
"两神山丽花之乡"大丽花园